高等职业教育机电类专业"互职

机械设计课程设计指导书

第 3 版

主编　柴鹏飞　王晨光
参编　陈晓琴　万丽雯
主审　徐名聪

机 械 工 业 出 版 社

本书为柴鹏飞、赵大民主编的《机械设计基础》配套教材,也可配套其他版本教材使用。本书在编写过程中,综合考虑了学生的认知能力和工程素质基础,从课程设计的实用角度出发,按课程设计的总体思路和顺序讲解,循序渐进、由浅入深,以单级圆柱齿轮减速器为例,详细讲解了单级圆柱齿轮减速器课程设计中的各个环节,同时简略讲解了二级圆柱齿轮减速器的设计。为便于教学,将蜗杆减速器的设计设置为独立章节。

本书的特色是:第一,明确提出将课程设计划分为 A3 纸非标准图设计、坐标纸图设计和正式装配图设计三个阶段,使学生由浅到深、循序渐进地完成课程设计;第二,将 A3 纸非标准图设计和坐标纸图设计的详细过程制作成独立文档,并在正文中以二维码进行链接,学生只要扫描二维码,就可以看到图文并茂的指导,从而更好地完成课程设计。

本书可供高职高专院校机械类、机电类、近机类等专业学生课程设计使用,也可供其他院校的有关专业及工程技术人员参考。

图书在版编目(CIP)数据

机械设计课程设计指导书/柴鹏飞,王晨光主编. —3 版. —北京:机械工业出版社,2020.7(2024.8 重印)

高等职业教育机电类专业"互联网+"创新教材

ISBN 978-7-111-65872-6

Ⅰ.①机… Ⅱ.①柴… ②王… Ⅲ.①机械设计-课程设计-高等职业教育-教学参考资料 Ⅳ.①TH122-41

中国版本图书馆 CIP 数据核字(2020)第 104940 号

机械工业出版社(北京市百万庄大街 22 号 邮政编码 100037)

策划编辑:刘良超 责任编辑:刘良超

责任校对:王 欣 封面设计:严娅萍

责任印制:郜 敏

三河市宏达印刷有限公司印刷

2024 年 8 月第 3 版第 9 次印刷

184mm×260mm · 10.5 印张 · 231 千字

标准书号:ISBN 978-7-111-65872-6

定价:33.00 元

电话服务　　　　　　　　　网络服务

客服电话:010-88361066　　机 工 官 网:www.cmpbook.com

　　　　　010-88379833　　机 工 官 博:weibo.com/cmp1952

　　　　　010-68326294　　金 书 网:www.golden-book.com

封底无防伪标均为盗版　　　机工教育服务网:www.cmpedu.com

序

　　"机械设计"是工科院校机械类及近机类各有关专业的主要必修课，机械设计课程设计是机械设计课程重要的综合性、实践性教学环节，是一次较全面的工程设计训练。《机械设计课程设计指导书》的编者，结合教学实际和近年来教学改革的经验及成果，编写了本书。指导书设计思路清晰，设计过程规范，设计中的各个重要环节讲解翔实，所用标准采用了现行的国家标准。无疑，采用本书，有助于进一步提高机械设计课程设计的教学质量，强化学生的工程设计训练，值得推广。

太原理工大学机械工程学院

吴凤林

前　言

本书第 2 版由于贴近学生实际应用和便于老师指导，深受广大师生的欢迎，数次重印，编者深感欣慰，衷心感谢相关院校师生的选用。在长期的教学实践中，编者通过指导学生做课程设计，深入了解学生的需求，总结和积累了一些完善和改进本书内容的经验。鉴于此，编者对本书进行了再修订。

本次修订主要增加了"A3 纸非标准图设计"和"坐标纸图设计"的画图过程指导，将 A3 纸非标准图设计和坐标纸图设计的绘制过程画出，详细讲解画图的具体过程和如何合理使用本书给出的图例及附表，并做成独立文档，在正文中以二维码进行链接，学生只要扫描二维码，就可以看到图文并茂的指导，从而更好地完成课程设计。

本书由上海工商职业技术学院柴鹏飞和太原理工大学长治学院王晨光担任主编，上海工商职业技术学院机电系陈晓琴、万丽雯参与了本书编写。

本书由上海工商职业技术学院徐名聪任主审。本书在编写过程中还得到上海工商职业技术学院 2017 级机械制造与自动化 1 班全体学生、山西省平遥减速器有限责任公司李文坚的大力支持，在此一并表示诚挚的谢意。

由于编者水平有限，书中难免存在不妥和疏漏之处，恳请广大读者批评指正。

编　者

二维码索引

名　　称	图　形	页　码
减速器		6
减速器俯视图草图设计		27
一级减速器内部结构		28
减速器坐标纸图设计		35

目 录

序

前言

二维码索引

第一章　概论 …………………………… 1

　　第一节　课程设计的目的 …………… 1

　　第二节　课程设计的题目和内容 …… 1

　　第三节　课程设计的一般步骤 ……… 2

　　第四节　减速器设计流程图 ………… 3

　　第五节　课程设计中应注意的问题 … 4

第二章　减速器结构介绍 ……………… 5

　　第一节　减速器的主要形式、特点及应用 …… 5

　　第二节　减速器的构造 ……………… 6

第三章　机械传动装置的总体设计 …… 10

　　第一节　确定传动方案 ……………… 10

　　第二节　选择电动机 ………………… 10

　　第三节　传动装置总传动比的计算及分配 … 12

　　第四节　传动装置运动参数和动力参数的

　　　　　　计算 …………………………… 14

第四章　传动零件设计计算 …………… 19

　　第一节　减速器外部零件的设计计算 … 19

　　第二节　减速器内部零件的设计计算 … 20

　　第三节　课程设计时的处理方法 …… 25

第五章　圆柱齿轮减速器设计 ………… 26

　　第一节　减速器装配图设计概述 …… 26

　　第二节　装配图草图设计第一阶段 … 27

　　第三节　装配图草图设计第二阶段 … 34

　　第四节　减速器正式装配图设计 …… 62

第六章　圆柱蜗杆减速器装配图

　　　　　设计 ………………………… 80

　　第一节　装配图设计第一阶段 ……… 80

　　第二节　装配图设计第二阶段 ……… 84

　　第三节　装配图设计第三阶段 ……… 87

第七章　零件工作图设计 ……………… 96

　　第一节　零件工作图的要求 ………… 96

　　第二节　轴类零件工作图的设计和绘制 … 98

　　第三节　齿轮类零件工作图的设计和

　　　　　　绘制 …………………………… 101

　　第四节　箱体类零件工作图的设计和

　　　　　　绘制 …………………………… 108

第八章　编写设计计算说明书及准备

　　　　　答辩 ………………………… 115

　　第一节　设计计算说明书的内容 …… 115

　　第二节　编写设计计算说明书的要求和

　　　　　　注意事项 ……………………… 116

　　第三节　准备答辩 …………………… 118

　　第四节　答辩思考题 ………………… 119

附录 …………………………………… 123

　　附录A　设计计算说明书示例机械零件

　　　　　　课程设计任务书 …………… 123

　　附录B　深沟球轴承 ……………… 140

　　附录C　角接触球轴承 …………… 141

　　附录D　圆锥滚子轴承 …………… 143

　　附录E　圆柱滚子轴承 …………… 145

　　附录F　弹性套柱销联轴器 ……… 146

　　附录G　六角头螺栓 ……………… 147

　　附录H　六角螺母 ………………… 148

　　附录I　轴端挡圈 ………………… 149

　　附录J　普通螺纹的内、外螺纹预留长度，

钻孔预留长度，螺栓突出螺母的
末端长度 …………………… 150
附录 K　圆螺母 ………………… 151
附录 L　圆螺母用止动垫圈 ………… 152
附录 M　平垫圈 ………………… 152
附录 N　弹簧垫圈 ……………… 153
附录 O　轴用弹性挡圈—A 型 …… 154
附录 P　配合表面的倒圆和倒角 ……… 155

附录 Q　回转面和端面砂轮越程槽 ……… 155
附录 R　圆形零件自由表面过渡圆角半径和
静配合联接轴用倒角 ………… 155
附录 S　螺纹的收尾、肩距、退刀槽、
倒角 ………………………… 156
附录 T　俯视图设计流程 ………… 157
附录 U　主视图设计流程 ………… 158
参考文献 ………………………… 159

第一章

概　论

第一节　课程设计的目的

"机械设计基础"是一门机电工程类专业一门重要的具有设计性的技术基础课程。完成"机械设计基础"课程的学习后，学生应具有一定的机械设计能力。而机械设计课程设计是该课程最后一次重要的实践性教学环节，是学生学习阶段第一次较全面的设计训练。课程设计的目的是：

1）培养学生综合运用机械设计学科和其他先修课程所学的理论知识，结合教学实践环节，使学生掌握一定的机械设计技能，并通过实际设计训练，巩固和提高学生所学的理论知识。

2）使学生掌握机械设计的一般方法和步骤，树立正确的设计思想，建立工程概念，培养学生独立的设计能力，为后续课程的学习及技术工作打下基础。

3）培养学生运用设计资料、手册及熟悉国家标准、规范的能力，使学生学会编写设计计算说明书，提高学生的综合素质。

第二节　课程设计的题目和内容

1. 课程设计的题目

课程设计的题目，一般是以齿轮（蜗杆）减速器为主体的机械传动装置的设计，因为设计这类减速器不仅能充分反映机械设计基础课程的主要内容，还能使学生得到较全面的基本训练，得到一次机械设计工程实践的锻炼机会。

机械传动装置一般是以带式输送机装置为设计对象，本课程设计常见的带式输送机传动装置参考传动方案如图 1-1 所示。

1）带式输送机装置的工作条件为：带式输送机连续单向运转，两班制工作（每班按 8h 计算），载荷变化不大，空载起动，输送带速度允许有 ±5% 的误差，室内工作，有粉尘。

2）分组数据见表 1-1。

表 1-1　分组数据

已知条件	分组题号					
	1	2	3	4	5	6
输送带工作拉力 F_w/kN	2.6	2.7	2.8	2.9	3	3.2
输送带速度 v_w/m·s^{-1}	1.4	1.3	1.3	1.2	1.2	1.4
卷筒直径 D/mm	360	350	350	330	310	300

2. 课程设计的内容

课程设计的任务是在给定题目参数的情况下，通过一至两周的时间完成减速器的设计，其内容包括：

1）减速器装配图一张。

2）零件工作图 2~3 张。

3）设计计算说明书一份。

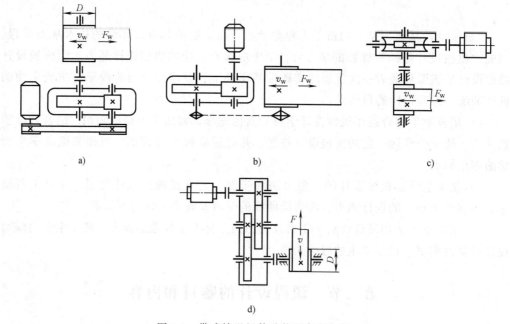

a)　　　　　　　　　　　b)　　　　　　　　　　　c)

d)

图 1-1　带式输送机传动装置参考方案

第三节　课程设计的一般步骤

课程设计是学生在学习阶段一次较全面的机械设计训练，学生应在指导教师的指导下，独立完成整个设计过程。一般课程设计的步骤如下：

（1）设计准备　学生应在教师指导下，根据学习情况合理分组，认真研究选择设计的带式输送机结构，明确设计要求，了解设计内容，通过参观和进行减速器拆装实验，拟定设计计划。

（2）传动装置的总体设计　确定传动方案，选择电动机，确定总传动比和分配各级传动比，计算各轴的转速、转矩和功率，整理出本传动装置的运动参数和动力参数数据表。

（3）传动零件的设计计算　根据整理的运动参数和动力参数数据，设计计算和确定减速器中齿轮传动或蜗杆传动的几何尺寸，以及减速器外的零件如带传动、链传动、联轴器的主要参数和尺寸。

（4）减速器装配底图的结构设计及绘制　分析和确定减速器的结构方案，进行减速器轴系结构设计，确定箱体各部分和相关附件的尺寸，绘制减速器的装配底图，进行轴的强度校核，底图完成后检查并修改。

（5）完成减速器正式装配图　绘制正式装配图，标注尺寸和配合，编写技术要求、技术特性、明细栏、标题栏等。

（6）设计和绘制零件图。

（7）编写设计计算说明书。

（8）进行设计总结和准备答辩。

第四节　减速器设计流程图

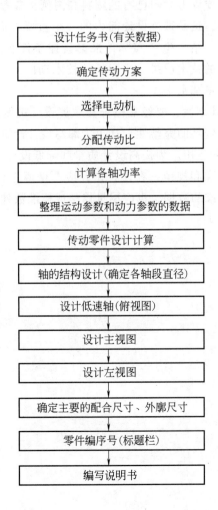

笔记

第五节 课程设计中应注意的问题

1）课程设计是一个重要的教学环节，既是对先修课程的综合运用，又为以后的专业课程学习打基础。因此，学生必须明确学习目的，树立正确的学习态度。在设计过程中要严肃认真，一丝不苟。

2）树立正确的设计思想，理论联系实际，从实际出发解决设计问题，力求设计合理、实用、经济，培养良好的工作习惯。

3）正确处理计算和设计的关系，任何机械零件的尺寸，都不应只按理论计算来确定，计算值只是确定尺寸的基础，而确定尺寸应综合考虑零件的结构特性、加工特性、装配特性、经济性、使用条件以及与其他零件的关系等。有些尺寸（如减速器箱体的某些尺寸）还要用一些经验公式来确定。轴的结构设计和强度校核，计算和绘图是互相补充、交叉进行的，边计算、边画图、边修改的"三边"设计方法是经常采用的设计方法。

4）正确处理学习与创新的关系。设计既包含前人实践经验的总结，又是一项开创性的工作。课程设计时，要参考学习已有的资料和图例，参考和分析已有的结构方案，合理选用已有的经验数据，这是锻炼设计能力的一个重要方面。同时，设计还包含着创新，要在学习的基础上，结合生产实际，根据具体条件和要求，敢于提出新设想、新方案和新结构，吸收新的技术成果，注意新的技术动向，把学习和创新很好地结合起来，进一步提高设计质量和水平。

5）注意培养工作的计划性，要经常检查和掌握设计进度，随时整理和注意保存、积累设计计算结果，保持资料的完整性，这也为编写设计计算说明书做好准备。

6）注重标准和规范的运用。为提高设计质量和降低设计成本，便于零件的购置和互换，应注意采用各种标准和规范。在设计中，应严格遵守和执行国家标准、部颁标准及行业规范。对于非标准的数据，也应尽量修整成标准数列或选用优先数列。

笔 记

第二章

减速器结构介绍

减速器是用于原动机和工作机之间的封闭式机械传动装置，由封闭在箱体内的齿轮传动或蜗杆传动组成，主要用来降低转速、增大转矩或改变转动方向。由于其传递运动准确可靠，结构紧凑，润滑条件良好，效率高，寿命长，且使用维修方便，因此得到广泛的应用。

目前常用的减速器已经标准化和规格化，且由专门化生产厂制造，使用者可根据具体的工作条件进行选择。课程设计中的减速器设计一般是根据给定的设计条件和要求，参考已有的系列产品和一些有关资料进行非标准化设计。

第一节　减速器的主要形式、特点及应用

根据传动零件的形式，减速器可分为齿轮减速器、蜗杆减速器；根据齿轮的形状不同，可分为圆柱齿轮减速器、锥齿轮减速器；根据传动的级数，可分为一级减速器和多级减速器；根据传动的结构形式，可分为展开式减速器、同轴式减速器和分流式减速器。这里只介绍课程设计时常用的一级减速器和二级减速器，其他形式的减速器可参看有关手册。常用减速器的形式及特点见表 2-1。

表 2-1　常用减速器的形式及特点

名称	形　式		推荐传动比范围	特点及应用
一级减速器	圆柱齿轮		直齿 $i \leqslant 5$ 斜齿、人字齿 $i \leqslant 10$	轮齿可做成直齿、斜齿或人字齿。箱体一般用铸铁做成，单件或小批量生产时采用焊接结构，尽可能不用铸钢件 支承通常用滚动轴承，也可用滑动轴承
	下置式蜗杆		$i = 10 \sim 70$	蜗杆在蜗轮的下面，润滑方便，效果较好，但蜗杆搅油损失大，一般在蜗杆圆周速度 $v < 4\text{m/s}$ 的场合

（续）

名称		形　式	推荐传动比范围	特点及应用
一级减速器	上置式蜗杆		$i = 10 \sim 70$	蜗杆在上面,润滑不便,装拆方便,蜗杆的圆周速度可高些
二级减速器	圆柱齿轮展开式		$i = i_1 \cdot i_2$ $= 8 \sim 40$	二级减速器中最简单的一种,由于齿轮相对于轴承位置不对称,轴应具有较高的刚度。用于载荷稳定的场合。高速级常用斜齿轮,低速级用斜齿轮或直齿轮

第二节　减速器的构造

　　减速器结构因其类型、用途不同而异。但无论何种类型的减速器，其结构都是由箱体、轴系部件及附件组成。图2-1、图2-2、图2-3所示分别为单级圆柱齿轮减速器、蜗杆减速器、二级圆柱齿轮展开式减速器的立体示意图。

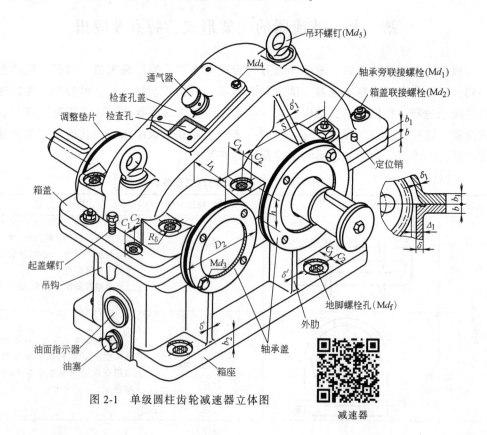

图 2-1　单级圆柱齿轮减速器立体图

减速器

笔　记

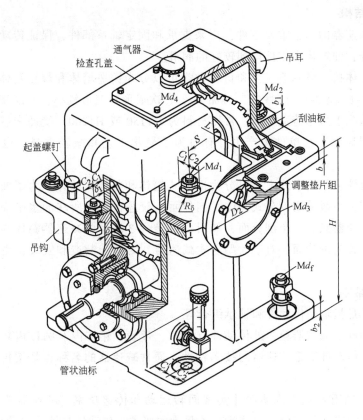

图 2-2　蜗杆减速器立体图

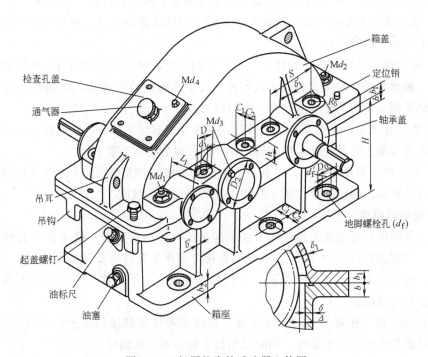

图 2-3　二级圆柱齿轮减速器立体图

1．箱体结构

箱体是减速器的一个重要零件，用来支承和固定轴系部件，保证传动零件正确安装和正确啮合，使箱体内零件得到较好的润滑。

减速器箱体按毛坯制造工艺和材料种类可以分为铸造箱体和焊接箱体两种。铸造箱体（见图2-1～图2-3）刚性好、易加工、一次成形且变形较小，并能获得较复杂的形状。一般情况下采用铸造箱体，常用材料为HT150或HT200。受冲击载荷的重型减速器也可采用铸钢。在单件生产中，有时为了简化工艺和减轻重量，也可采用焊接箱体。

减速器箱体从结构形式上可以分为剖分式箱体和整体式箱体。为了便于轴系部件的安装和拆卸，一般采用剖分式箱体，剖分面一般选在轴线所在的水平面上，以利于加工。一般减速器只有一个剖分面，如图2-1～图2-3所示的减速器箱体与传动件轴线平面重合的位置为剖分面。对于大型立式减速器，为便于制造和安装，也可采用两个剖分面。

2．轴系部件

轴系部件是指轴、传动件和轴承组合等。

（1）传动件　减速器箱体外传动件有链轮、带轮；箱体内有圆柱齿轮、锥齿轮及蜗杆蜗轮等。传动件决定减速器的技术特性，通常减速器的名称也是按传动件的种类来命名的。

（2）轴　轴用来安装传动件并实现回转运动和传递功率。减速器普遍采用阶梯轴，便于零件的安装与定位，也能满足等强度的要求。传动件与轴采用平键联接。

（3）轴承组合　轴承组合包括轴承、轴承端盖、密封装置以及调整垫片。

1）轴承是支承轴的部件。减速器的轴承一般选用滚动轴承，根据是否承受轴向力来选择不同种类的轴承。

2）轴承端盖联接固定在箱体上，可以起到固定轴承、承受轴向力、调整轴承间隙等作用。轴承端盖有凸缘式和嵌入式两种，其中凸缘式轴承端盖应用较广，这是因为凸缘式轴承端盖便于调整轴承间隙，密封性好。

3）为防止灰尘、水气及其他杂质进入轴承，引起轴承的磨损和腐蚀，同时也为了防止润滑剂外漏，需要在输入轴和输出轴外伸处设置密封装置。

4）为了调整轴承间隙，有时也为了调整传动件（如锥齿轮、蜗轮）的轴向位置，需放置调整垫片。调整垫片由若干厚度不等的薄软钢片组成。

3．减速器附件

减速器附件是指为减速器正常工作或起吊运输等而设置的一些零件，有些安装在箱体上（如起盖螺钉、油标等），有些则直接在箱体上制造出来（如吊钩等）。

（1）起吊装置　为了便于搬运，需在箱体上设置起吊装置。一般箱盖上用吊环螺钉，箱座上用吊钩。

（2）定位销　在精加工轴承座孔前，在箱盖和箱座联接凸缘上配装定位销定位，以保证箱盖和箱座的装配精度，同时也保证了轴承座孔的精度。

（3）起盖螺钉　减速器装配时，为增加密封性，防止灰尘等进入箱体，常在箱盖和箱座的结合面上涂上水玻璃或密封胶，但起盖时比较麻烦。为了起盖方便，在箱盖凸缘上设置螺纹孔，并拧入螺钉，因相应的箱座凸缘上无孔，利用相对运动，不断拧入起盖螺钉，箱盖就被顶起。

（4）油标 为保证减速器箱体内油池有适量的油，一般在箱体便于观察和油面较稳定的部位（如低速级大齿轮附近）设置油标，以观察或检查油池中的油面高度。

（5）油塞 为了排除箱内污油，常在箱体底部开设放油孔，平时用油塞、垫片将其封闭。

（6）检查孔 为了检查齿轮安装和啮合情况、润滑情况、接触斑点及齿侧间隙等，在箱盖上齿轮啮合部位的对应位置开设检查孔，检查完毕正常工作时，检查孔用检查孔盖密封。

（7）通气器 减速器工作时，因发热使箱体内温度升高，压力上升。为防止润滑油从箱体剖分面和各密封处泄漏，在检查孔盖上安装通气器，便于箱内热气逸出，保证箱体内压力接近大气压力，从而保证密封性。

减速器还应有润滑与密封装置，将在后面章节讲解。

笔 记

第三章

机械传动装置的总体设计

传动装置的总体设计，主要包括确定传动方案、选择电动机、确定总传动比和分配各级传动比以及计算传动装置的运动参数和动力参数，为各级传动设计和装配图绘制提供依据。

第一节　确定传动方案

机械传动装置一般由原动机、传动装置、工作机和机架四部分组成。传动装置用以传递运动和动力，变换运动形式，以满足工作机的工作要求。实际传动中形式很多，应根据具体情况来确定传动方案。确定传动方案时要根据各种传动形式在速度范围、承受载荷、适用场合等方面的不同来综合考虑，确定合理的传动方案。课程设计题目中的传动方案的确定较为简单，一般为两级传动。若传动装置由带传动和齿轮传动组成，则带传动放在高速级；若由链传动和齿轮传动组成，则链传动放在低速级。蜗杆传动因是一级传动，不存在传动方案确定，如图 1-1 所示。

第二节　选择电动机

1. 选择电动机的类型和结构形式

在机械零件课程设计中，要根据工作载荷大小及性质、转速高低、起动特性和过载情况、工作环境、安装要求及空间尺寸限制等方面来选择电动机的类型、结构形式、功率和转速，确定具体型号。

工程实践中一般选用 YE3 系列三相交流异步电动机，这种电动机适用于无特殊要求的各种机械设备，如机床、鼓风机、运输机以及农业机械和食品机械中。为适应不同的安装需要，同一类型的电动机结构又制成若干种安装形式，可按需要选用。

2. 确定电动机的功率

电动机的功率确定是否合适，对电动机的工作性能和经济性都有影响。功率小于工作要求，则不能保证工作机正常工作，或使电动机长期过载、发热而缩短寿命；功率过大，则电动机功率不能充分使用，造成浪费。

电动机的功率一般是根据工作机所需要的功率大小和中间机械传动装置的效率以及机器的工作条件来确定的。对于长期连续运转、载荷不变或变化很小、常温下工作的机械，只要所选电动机的额定功率 P_m 等于或略大于电动机所需功率 P_0，即 $P_m \geq P_0$ 就行。

（1）计算工作机所需功率 P_w　工作机所需功率 P_w（kW）应根据工作机的工作阻力和运动参数计算求得。

课程设计时，可根据设计课题给定的工作机参数（F_w、v_w、T_w、n_w）按下式计算：

$$P_w = \frac{F_w v_w}{1000 \eta_w} \tag{3-1}$$

或

$$P_w = \frac{T_w n_w}{9550 \eta_w} \tag{3-2}$$

式中　F_w——工作拉力（N）；

　　　v_w——工作机的线速度（m/s）；

　　　T_w——工作机的转矩（N·m）；

　　　n_w——工作机的转速（r/min）；

　　　η_w——工作机的效率，对于带式输送机，一般取 $\eta_w = 0.94 \sim 0.96$。

（2）计算电动机所需功率 P_0　电动机所需功率根据工作机所需功率和传动装置的总效率按下式计算：

$$P_0 = \frac{P_w}{\eta} \tag{3-3}$$

式中，η 为由电动机至工作机的传动装置的总效率，应为组成传动装置的各个运动副效率的连乘积，即 $\eta = \eta_1 \eta_2 \eta_3 \cdots \eta_n$，$\eta_1$、$\eta_2$、$\eta_3 \cdots \eta_n$ 分别为传动装置中每一级传动副（如带传动、齿轮传动、蜗杆传动、链传动等）、每对轴承或每个联轴器的效率，其值可参照表 3-4。

笔记

计算传动装置总效率时应注意以下几点：

1）轴承效率通常指一对轴承的效率。

2）蜗杆传动效率与蜗杆头数及材料、滑动速度等有关，设计计算时应初选头数，根据表 3-4 估计效率，待确定了蜗杆传动参数后再精确计算效率。若误差较大，应修正前面的估计效率，并相应修改与其有关的计算。

3）资料推荐的效率值一般有一个范围，在一般条件下宜取中间值。若工作条件差、加工精度低和维护不良时，应取低值，反之则取高值。

3. 确定电动机的转速

功率相同的同类型电动机，其同步转速有 750r/min、1000r/min、1500r/min 和 3000r/min 四种。电动机转速越低，则磁极数越多，外廓尺寸及质量越大，价格也越高，但传动装置总传动比小，可使传动装置的结构紧凑。因此，在确定电动机转速时，应进行分析比较，综合考虑，权衡利弊，选择最优方案。

课程设计时一般推荐选用同步转速为 1000r/min、1500r/min 的两种电动机。

4. 选择电动机的型号

根据确定的电动机的类型、结构、功率和转速，可由表3-1、表3-2查取 YE3 系列电动机型号及外形尺寸，并将相关数据记录备用。

表 3-1　YE3 系列电动机的技术数据

电动机型号	额定功率/kW	满载转速/(r/min)	堵转转矩额定转矩	最大转矩额定转矩	电动机型号	额定功率/kW	满载转速/(r/min)	堵转转矩额定转矩	最大转矩额定转矩
同步转速 1000r/min					同步转速 1500r/min				
YE3 132S-6	3	975	1.9	2.0	YE3 100L2-4	3	1440	2.3	2.3
YE3 132M1-6	4	975	1.9	2.0	YE3 112M-4	4	1455	2.2	2.3
YE3 132M2-6	5.5	975	1.9	2.0	YE3 132S-4	5.5	1465	2.0	2.3
YE3 160M-6	7.5	980	1.9	2.0	YE3 132M-4	7.5	1465	2.0	2.3
YE3 160L-6	11	980	1.9	2.0	YE3 160M-4	11	1470	2.0	2.2

表 3-2　机座带地脚、端盖凸缘电动机的安装及外形尺寸　　（单位：mm）

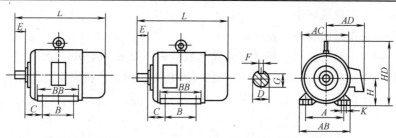

YE3-80～YE3-132　　　　　　　　YE3-160～YE3-280

笔记

机座号	极数	A	B	C	D	E	F	G	H	K	AB	AC	AD	HD	BB	L
100L	2、4、6	160	140	63	28 +0.009 -0.004	60	8	24	100	12	205	205	180	245	170	380
112M		190		70					112		245	230	190	265	180	400
132S	2、4、6、8	216	178	89	38 +0.018 +0.002	80	10	33	132		280	270	210	315	200	475
132M															238	515
160M		254	210	108	42	110	12	37	160	15	330	325	255	385	270	600

课程设计过程中进行传动装置的传动零件设计时，以电动机实际所需功率 P_0 作设计功率。若设计通用传动装置，则以电动机额定功率 P_m 作设计功率。而转速均按电动机额定功率下的满载转速 n_m 来计算。

第三节　传动装置总传动比的计算及分配

1. 总传动比的确定

电动机确定后，根据电动机的满载转速 n_m 及工作机的转速 n_w 计算出传动装置的总传动比

$$i = \frac{n_m}{n_w} \qquad\qquad (3\text{-}4)$$

若传动装置由多级传动组成，则总传动比应为串联的各分级传动比的连乘积，即

$$i = i_1 i_2 i_3 \cdots i_n$$

2. 传动比的分配

课程设计所采用的课题不是太复杂，蜗杆传动为一级，其余为二级，总传动比的分配不是什么问题，只要按一般要求合理选择各级传动常用的传动比即可。传动比选择、分配合理，可使传动装置得到较小的外廓尺寸或质量，以实现降低成本和结构紧凑的目的，也可以使转动零件获得较低的圆周速度从而减小齿轮动载荷和降低传动精度等级，还可得到较好的润滑条件。

具体分配传动比时应考虑以下几点：

1）各级传动比都在各自的合理范围内，以保证符合各种传动形式的工作特点和结构紧凑。

2）分配各传动形式的传动比时，应注意使各传动件尺寸协调、结构匀称合理。如果带传动的传动比过大，则可能由于大带轮半径大于减速器输入轴中心高度（见图3-1）而造成带轮与底架相碰。由带传动和单级齿轮减速器组成的传动装置中，一般应使带传动的传动比小于齿轮的传动比。

3）应使传动装置的总体尺寸紧凑，质量最小。如图 3-2 所示二级圆柱齿轮减速器，在总中心距和总传动比相同时，粗实线所示结构（高速级传动比 $i_1 = 5$，低速级传动比 $i_2 = 4.1$）具有较小的外廓尺寸，这是由于大齿轮直径较小的缘故。

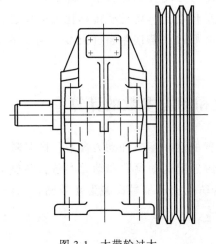

图 3-1 大带轮过大

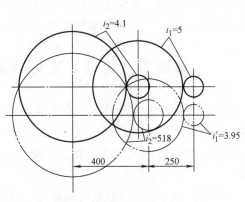

图 3-2 传动比分配不同，对
结构尺寸的影响

4）尽量使各级大齿轮浸油深度合理。一般在二级卧式齿轮减速器中，常设计为各级大齿轮直径相近，因低速级齿轮的圆周速度较低，为保证其润滑效果，可使其大齿轮直径稍大，以便于齿轮浸油润滑。

5）在二级圆柱齿轮减速器中，因为低速级传递转矩大，其中心距 a_2 大于 a_1。为

使两级大齿轮直径接近而低速级大齿轮稍大,必须使 $i_{高}>i_{低}$,推荐 $i_{高}=(1.3\sim1.5)i_{低}$,但 $i_{高}$ 如果过大又可能使高速级大齿轮过大而与低速轴相碰,如图 3-3 所示。

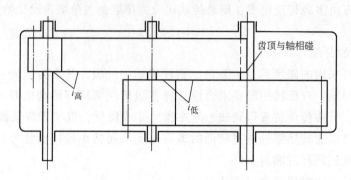

图 3-3 高速级大齿轮与低速轴相碰

课程设计时,为了满足教学的需要,达到课程设计目的,同时又要便于学生绘制减速器的装配图,建议首先确定减速器的传动比 $i_{减}$,如传动装置由 V 带传动、链传动和单级圆柱齿轮减速器组成,一般单级圆杜齿轮减速器建议 $i_{减}=4\sim4.5$,然后再根据总传动比来确定 V 带传动、链传动的传动比;如传动装置由链传动和单级锥齿轮组成,则单级锥齿轮的传动比不超过 3,其余部分由链传动来承担。

传动比计算时,要求精确到小数点后二位有效数字。

应当指出,这里各级传动比的分配数据仅是初步的,各级传动比的精确计算与传动件参数,如齿轮齿数、带轮直径、链轮齿数等有关。因为齿数要取整数,带轮的直径要圆整,有时还要取标准值等,所以精确传动比与分配传动比会不一致。待下一阶段传动件参数确定后,应精确计算各级传动比和总传动比,将精确传动比与前面已计算出的数值相比较,如误差在±5%范围内,则不必修改;若误差超过±5%,则要重新调整各级传动比,并应相应地修改有关计算。

笔记

第四节 传动装置运动参数和动力参数的计算

进行传动零件的设计计算,应先计算传动装置的运动参数和动力参数,即各轴的转速、功率和转矩。也就是从电动机轴开始给各轴分配运动参数和动力参数,各轴的编号从高速轴开始依次编为Ⅰ轴、Ⅱ轴……(电动机轴不编号或编为 0 号轴),并一般设:

$n_{Ⅰ}$、$n_{Ⅱ}$、$n_{Ⅲ}$……——各轴的转速(r/min);

$P_{Ⅰ}$、$P_{Ⅱ}$、$P_{Ⅲ}$……——各轴的输入功率(kW);

$T_{Ⅰ}$、$T_{Ⅱ}$、$T_{Ⅲ}$……——各轴的转矩(N·m);

$\eta_{0Ⅰ}$、$\eta_{ⅠⅡ}$、$\eta_{ⅡⅢ}$……——相邻两轴间的传动效率;

$i_{0Ⅰ}$、$i_{ⅠⅡ}$、$i_{ⅡⅢ}$……——相邻两轴间的传动比;

P_{m}——电动机额定功率(kW);

n_{m}——电动机满载转速(r/min);

P_0——电动机实际所需的输出功率（kW）；

P_w——工作机所需功率（kW）；

n_w——工作机转速（r/min）；

T_w——工作机上的转矩（N·m）。

1. 各轴转速

$$n_{\text{I}} = \frac{n_m}{i_{0\text{I}}}$$

$$n_{\text{II}} = \frac{n_{\text{I}}}{i_{\text{I}\text{II}}} = \frac{n_m}{i_{0\text{I}} i_{\text{I}\text{II}}}$$

$$n_{\text{III}} = \frac{n_{\text{II}}}{i_{\text{II}\text{III}}} = \frac{n_m}{i_{0\text{I}} i_{\text{I}\text{II}} i_{\text{II}\text{III}}}$$

其余类推。

2. 各轴功率

$$P_{\text{I}} = P_0 \eta_{0\text{I}}$$

$$P_{\text{II}} = P_{\text{I}} \eta_{\text{I}\text{II}} = P_0 \eta_{0\text{I}} \eta_{\text{I}\text{II}}$$

$$P_{\text{III}} = P_{\text{II}} \eta_{\text{II}\text{III}} = P_0 \eta_{0\text{I}} \eta_{\text{I}\text{II}} \eta_{\text{II}\text{III}}$$

其余类推。

3. 各轴转矩

$$T_0 = 9550 \frac{P_0}{n_m}$$

$$T_{\text{I}} = T_0 i_{0\text{I}} \eta_{0\text{I}}$$

$$T_{\text{II}} = T_{\text{I}} i_{\text{I}\text{II}} \eta_{\text{I}\text{II}}$$

$$T_{\text{III}} = T_{\text{II}} i_{\text{II}\text{III}} \eta_{\text{II}\text{III}}$$

其余类推。

根据上式，计算各轴的转速、功率和转矩，整理出本传动装置的运动参数和动力参数的数据表，为下一阶段传动零件的设计计算和轴的结构设计做准备。

课程设计中各类传动比的取值范围和各类机械传动的效率值见表3-3和表3-4。

表3-3 各类传动比的取值范围

传动类型		i一般取值	i最大值
圆柱齿轮传动	一级减速器	3~5	≤12.5
	二级减速器	8~40	≤60
蜗杆传动	一级减速器	10~40	≤80
V带传动		2~4	≤7
链传动		2~6	≤8

表 3-4　各类机械传动的效率值

传动类型及工作状况		效　率
圆柱齿轮传动	7级精度（油润滑）	0.98
	8级精度（油润滑）	0.97
	9级精度（油润滑）	0.96
蜗杆传动	单头蜗杆（油润滑）	0.70~0.75
	双头蜗杆（油润滑）	0.75~0.82
V带传动		0.96
链传动		0.96
滚动轴承	球轴承（稀油润滑）	0.99（一对）
	滚子轴承（稀油润滑）	0.98（一对）
弹性联轴器		0.99~0.995
十字滑块联轴器		0.97~0.99

例 3-1　图 3-4 所示为一带式输送机传动装置。已知输送带工作拉力 $F_w = 3000N$，输送带速度 $v_w = 1.2m/s$，滚筒直径 $D = 320mm$，连续工作，载荷较平稳，单向运转。试按已知条件完成下列设计：

（1）选择合适的电动机；

（2）计算传动装置的总传动比，并分配各级传动比；

（3）计算传动装置中各轴的运动参数和动力参数。

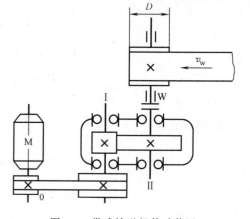

图 3-4　带式输送机传动装置

解　（1）选择电动机

1）选择电动机类型和结构形式。

按照工作要求和条件，选用一般用途的 YE3 系列三相异步电动机，为卧式封闭结构。

2）选择电动机功率。

工作机所需的功率 P_w（kW）按下式计算：

$$P_w = \frac{F_w v_w}{1000 \eta_w}$$

式中，$F_w = 3000N$，$v_w = 1.2m/s$，带式输送机的效率 $\eta_w = 0.94$，代入上式得

$$P_w = \frac{3000 \times 1.2}{1000 \times 0.94} kW = 3.83 kW$$

电动机所需功率 P_0（kW）按下式计算：

$$P_0 = \frac{P_w}{\eta}$$

式中，η 为电动机到滚筒工作轴的传动装置总效率（其中包括 V 带传动、一对齿轮传动、两对滚动轴承、一个联轴器等的效率），由表 3-4 查得：V 带传动 $\eta_{带}=0.96$，一对齿轮传动 $\eta_{齿轮}=0.97$，一对滚动轴承 $\eta_{轴承}=0.99$，弹性联轴器 $\eta_{联轴器}=0.99$，因此总效率 η 为

$$\eta=\eta_{带}\,\eta_{齿轮}\,\eta_{轴承}^{2}\,\eta_{联轴器}=0.96\times0.97\times0.99^{2}\times0.99=0.904$$

$$P_{0}=\frac{P_{w}}{\eta}=\frac{3.83}{0.904}kW=4.24kW$$

选取电动机额定功率 $P_{m}(kW)$，使 $P_{m}=(1\sim1.3)P_{0}=(1\sim1.3)\times4.24kW=4.24\sim5.51kW$，查表 3-1，取 $P_{m}=5.5kW$。

3）确定电动机转速。

工作机卷筒轴的转速 n_{w} 为

$$n_{w}=\frac{60\times1000v_{w}}{\pi D}=\frac{60\times1000\times1.2}{\pi\times320}r/min=71.62r/min$$

根据表 3-3 推荐的各类传动比的取值范围，合理选择各级传动比的范围，取 V 带传动的传动比 $i_{带}=2\sim4$，一级齿轮减速器 $i_{齿轮}=3\sim5$，则传动装置的总传动比 $i_{总}=6\sim20$，故电动机的转速可取范围为

$$n_{m}=i_{总}\,n_{w}=(6\sim20)\times71.62r/min=429.7\sim1432.4\ r/min$$

符合此转速要求的同步转速有 750r/min 和 1000r/min 两种，根据前面所讲，为降低电动机的质量和价格，综合考虑电动机和传动装置的尺寸、结构、电动机功率及带传动传动比和减速器的传动比等因素，查表 3-1，选择同步转速为 1000r/min 的 YE3 系列电动机 YE3 132M2-6，其满载转速为 $n_{m}=975r/min$。

查出电动机的中心高、外形尺寸、外伸轴尺寸及安装尺寸等备用。

（2）计算传动装置的总传动比并分配各级传动比

1）传动装置的总传动比为

$$i=n_{m}/n_{w}=975/71.62=13.61$$

2）分配各级传动比。

本传动装置由带传动和齿轮传动组成，因 $i=i_{带}\,i_{齿轮}$，为使减速器部分设计方便，取齿轮传动比 $i_{齿轮}=4.2$，则带传动的传动比为

$$i_{带}=i/i_{齿轮}=13.61/4.2=3.24$$

（3）计算传动装置的运动参数和动力参数

1）各轴转速。

I 轴　$n_{I}=n_{m}/i_{带}=\dfrac{975}{3.24}r/min=300.93r/min$

II 轴　$n_{II}=n_{I}/i_{齿轮}=\dfrac{300.93}{4.2}r/min=71.65r/min$

滚筒轴　$n_{滚筒}=n_{II}=71.65r/min$

2）各轴功率。

Ⅰ 轴　$P_1 = P_0 \eta_{0Ⅰ} = P_0 \eta_{带} = 4.24 \times 0.96 \text{kW} = 4.07 \text{ kW}$

Ⅱ 轴　$P_Ⅱ = P_1 \eta_{ⅠⅡ} = P_1 \eta_{齿轮} \eta_{轴承} = 4.07 \times 0.97 \times 0.99 \text{kW} = 3.91 \text{kW}$

滚筒轴　$P_{滚筒} = P_Ⅱ \eta_{Ⅱ滚} = P_Ⅱ \eta_{轴承} \eta_{联轴器} = 3.91 \times 0.99 \times 0.99 \text{kW} = 3.83 \text{kW}$

3）各轴转矩。

电动机轴　$T_0 = 9.55 \times 10^6 \dfrac{P_0}{n_m} = 9.55 \times 10^6 \times \dfrac{4.24}{975} \text{N} \cdot \text{mm} = 41530 \text{N} \cdot \text{mm}$

Ⅰ 轴　$T_Ⅰ = T_0 i_{0Ⅰ} \eta_{0Ⅰ} = T_0 i_{带} \eta_{带} = 41530 \times 3.24 \times 0.96 \text{N} \cdot \text{mm} = 129175 \text{N} \cdot \text{mm}$

Ⅱ 轴　$T_Ⅱ = T_Ⅰ i_{ⅠⅡ} \eta_{ⅠⅡ} = T_Ⅰ i_{齿轮} \eta_{齿轮} \eta_{轴承} = 129175 \times 4.2 \times 0.97 \times 0.99 \text{N} \cdot \text{mm}$
$= 520996 \text{N} \cdot \text{mm}$

滚筒轴　$T_滚 = T_Ⅱ i_{Ⅱ滚} \eta_{Ⅱ滚} = T_Ⅱ \eta_{轴承} \eta_{联轴器} = 520996 \times 0.99 \times 0.99 \text{N} \cdot \text{mm} = 510628 \text{N} \cdot \text{mm}$

根据以上计算列出本传动装置的运动参数和动力参数数据，见表3-5。

表 3-5　运动参数和动力参数

参　数	轴　　　号			
	电动机轴	Ⅰ 轴	Ⅱ 轴	滚筒轴
转速 $n/\text{r} \cdot \text{min}^{-1}$	975	300.93	71.65	71.65
功率 P/kW	4.24	4.07	3.91	3.83
转矩 $T/\text{N} \cdot \text{mm}$	41530	129175	520996	510628
传动比 i		3.24	4.2	1
效率 η		0.96	0.96	0.98

笔 记

第四章

传动零件设计计算

为了进行减速器装配工作图的设计，必须先确定各级传动件的尺寸、参数、材料、热处理工艺以及箱体内、外传动零件的具体结构，根据传动方案还要选择联轴器的类型和尺寸。

课程设计时，一般是在计算出运动参数和动力参数并列出传动装置的数据表后，先设计计算箱体内、外的传动零件，确定其零件的材料、参数、尺寸和主要结构。箱体外的零件如带传动、链传动等，只要计算出主要尺寸和常用的参数，为相关零件尺寸的确定作好准备就行，课程设计时不作为重点内容。箱体内的传动零件如齿轮、蜗杆等，先设计计算出主要尺寸参数，而传动零件的具体结构尺寸、公差内容和技术要求等要在装配图设计时结合箱体的设计不断补充完善。

第一节　减速器外部零件的设计计算

减速器外部零件包括有带传动、链传动、联轴器等。

1. 普通 V 带传动

根据已知的减速器参数和工作条件，确定带的型号、根数和长度；确定带传动的中心距；确定初拉力及张紧装置；选择大、小带轮直径，材料，结构尺寸和加工要求等。

设计计算时应注意以下问题：

1）应考虑带轮尺寸与其相关零件尺寸的相应关系。如小带轮轴孔直径和轮毂长度应按电动机的外伸轴尺寸来确定，大带轮外圆半径是否过大而导致与机器底座相干涉等。

2）设计参数应保证带传动在良好的工作范围内，即满足带速 $5\mathrm{m/s} \leqslant v \leqslant 25\mathrm{m/s}$、小带轮包角 $\alpha_1 \geqslant 120°$、一般带根数 $z \leqslant 4{\sim}5$ 等方面的要求。

2. 链传动

根据已知的减速器参数和工作条件，确定链条的型号（链节距）、排数和链节数；确定传动中心距、链轮齿数、链轮材料和结构尺寸；考虑润滑方式、张紧装置和维护要求等。

设计计算时也应注意与带传动的类似问题：

1）应注意检查链轮尺寸与传动装置外廓尺寸的相互关系。如链轮轴孔直径和长度与减速器或工作机轴径是否协调等。

2）设计参数应保证链传动在良好的工作范围内，即大、小链轮的齿数最好选择奇数；链节数最好选用偶数；如采用单排链传动而计算出的链节距较大时，应该选双排链或多排链。

3. 联轴器

一般选择可移式联轴器，以补偿由于制造、安装误差及两轴线的相对偏移。由于弹性可移式联轴器不仅可以补偿两轴偏移，而且具有缓冲和吸振的能力，故应优先考虑选用。一般选用弹性套柱销联轴器，低速时可选用十字滑块联轴器。课程设计时，在各轴段直径确定后，根据轴径来选择联轴器的型号和尺寸，应注意联轴器的孔型和孔径与轴上相应结构、尺寸要一致。

第二节 减速器内部零件的设计计算

1. 圆柱齿轮传动

减速器内部零件主要指圆柱齿轮传动零件、蜗杆传动零件和轴等。

设计计算出运动参数和动力参数并列出传动装置的数据表后，就可根据数据表中列出的数据，按设计课题给定的传动形式进行传动零件的设计计算，即设计计算圆柱齿轮、蜗杆等零件的几何尺寸，按已知参数进行轴的结构设计。

圆柱齿轮传动的设计要点主要有：

1）选择齿轮材料及热处理方法时，要考虑到毛坯的制造方法。同一减速器内各级大小齿轮的材料，最好对应相同，以减少材料品种和简化工艺要求。

2）正确理解齿轮强度计算公式及其每一系数和符号的含义。对于圆柱齿轮，考虑到装配后两齿轮可能产生的轴向位置误差，为了便于装配及保证全齿宽接触，常取小齿轮齿宽 $b_1 = b_2 + (5 \sim 10)\,\mathrm{mm}$。

3）要正确处理强度计算所得参数尺寸和啮合几何尺寸之间的关系。由强度计算所得的中心距一般应圆整为偶数、0 或 5 结尾的数值，模数必须取整数。计算过程中前面预设的参数（齿数、模数、螺旋角等）要以后面确定的数据来调整，以求得既满足强度要求又符合啮合几何关系的合理值。然后再进行其他的齿轮啮合尺寸、安装尺寸及结构尺寸的计算和确定。

4）齿轮的啮合几何尺寸必须精确，一般应精确到小数点后 2～3 位，角度应精确到秒。齿轮的结构尺寸（如轮毂、轮辐及轮缘尺寸）一般取圆整数。

2. 蜗杆传动

1）蜗杆传动副材料的选择和滑动速度有关，材料不同，其适用的滑动速度范围就不同，失效形式也不同。设计时，应根据工作要求，先估计滑动速度和传动效率，选择合适材料，分析可能产生的失效形式并进行设计计算。在蜗杆传动尺寸确定后，再校核实际滑动速度和传动效率，并修正有关数据。

2）根据蜗杆分度圆圆周速度来确定蜗杆位置在蜗轮上面还是下面，当速度不大于 $4 \sim 5 \text{m/s}$ 时，可将蜗杆的位置放在蜗轮的下面。

3. 轴的结构设计

轴的结构设计是课程设计的关键环节，一般圆柱齿轮传动要设计低速轴，蜗杆传动要设计蜗杆轴。设计轴结构的过程中要涉及箱体的一些尺寸，课程设计时，设计轴结构应和确定箱体结构及附件等同时进行。

例 4-1　设计如图 4-1 所示单级直齿圆柱齿轮减速器的低速轴，已知该轴的功率为 $P = 4 \text{kW}$，转速 $n_2 = 70 \text{r/min}$，大齿轮宽度 $L_{b2} = 70 \text{mm}$，单向转动，轴的材料无特殊要求。

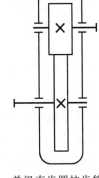

解

1. 选择轴的材料

因轴的材料无特殊要求，故选用 45 钢，正火处理。

2. 初选轴外伸段直径 d

图 4-1　单级直齿圆柱齿轮减速器

由教材中式（11-2）$d \geqslant A \sqrt[3]{\dfrac{P}{n}}$，查教材表 11-3 可得

$$45 \text{钢} \quad A = 103 \sim 126$$

$$d \geqslant A \sqrt[3]{\frac{P}{n}} = (103 \sim 126) \sqrt[3]{\frac{4}{70}} \text{mm} = 39.67 \sim 48.53 \text{mm}$$

考虑该轴段上有一个键槽，故应将直径增大 5%，即

$$d = (39.67 \sim 48.53) \text{mm} \times (1 + 0.05) = 41.65 \sim 50.96 \text{mm}$$

查附录 F，按联轴器标准直径系列取 $d_1 = 45 \text{mm}$。

3. 轴的结构设计

（1）轴上的零件布置　轴上安装有齿轮、联轴器、一对轴承。

因是单级传动，一般将齿轮安装在箱体中间，轴承安装在箱体的轴承孔内，相对于齿轮左右对称为好。联轴器根据其作用只能布置在箱体外面的一端。

（2）零件的装拆顺序　轴上零件不同的装拆顺序要求轴具有不同的结构形式，轴的各段直径按安装顺序依次变化，后段直径应大于前段直径。本题目主要零件齿轮可以从左端装拆，也可从右端装拆，现取齿轮从左端装入，即如图 4-2 所示：齿轮、套筒、轴承、轴承端盖、联轴器等零件从轴的左端装入，这样安装的好处是保证安装齿轮和联轴器的两轴段在同一加工方向加工，便于保证加工的同轴度；右端的轴承从右端装入。这样就形成：$d_{联} < d_肩 < d_承 < d_轮 < d_环 > d_肩 > d_承$，两端安装轴承处的直径相等，形成两头细中间粗的阶梯形轴，既符合等强度的要求，又便于零件的装拆。

（3）轴的结构设计　设计轴的结构时要考虑零件在轴上位置的固定，轴上零件的固定包括周向固定和轴向固定。本题目中联轴器和齿轮的周向固定均采用键联接，键

笔记

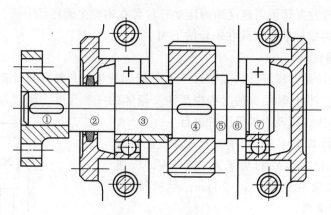

图 4-2　低速轴的结构设计

的具体尺寸可根据直径查手册。

轴向固定是为了防止零件沿轴线方向窜动，为了达到这个目的，就需要在轴上设计（置）某些装置，如轴肩、套筒、挡圈等，这些内容即是轴的结构设计。低速轴的结构如图 4-2 所示，各轴段设计的具体方法如下：

①轴段安装联轴器，周向固定用键。

②轴段高于①轴段形成轴肩，用来定位联轴器。

③轴段高于②轴段，是为了安装轴承方便。

④轴段高于③轴段，是为了安装齿轮方便；③轴段也可再分为两部分，这是考虑便于加工，因前一部分安装轴承，需要磨削加工，而后一部分只安装一个套筒，不需要很高的加工精度，将来在零件图上可在分开的地方画一细线，表示精度不同，也可在安装轴承宽度处开一越程槽。齿轮在④轴段上周向固定用键。

⑤轴段高于④轴段形成轴环，用来定位齿轮。

⑦轴段直径应和③轴段直径相同。

⑥轴段高于⑦轴段形成轴肩，用来定位轴承；⑥轴段高于⑦轴段的部分取决于轴承标准。

笔 记

⑤轴段与⑥轴段的高低没有什么直接的影响，只是一般的轴身联接。

本题目中：①~②、④~⑤、⑥~⑦三处的轴肩用来定位，属于定位轴肩。

②~③、③~④二处的轴肩不是用来定位的，只是为了安装零件方便，属于非定位轴肩。

⑤~⑥处的轴肩仅是一般联接上造成的直径差值，没有什么用处。

（4）确定轴的各段尺寸

1）各轴段的直径。

①轴段的直径已由前面计算确定为 $d_1 = 45\text{mm}$。

②轴段的直径 d_2 应在 d_1 的基础上加上两倍的轴肩高度，这里的轴肩为定位轴肩，定位轴肩的高度应大于被定位零件的倒角，一般可取为 $h = (0.07 \sim 0.1)d$。这里取 $h_{12} = 4.5\text{mm}$，即 $d_2 = d_1 + 2h_{12} = (45 + 2 \times 4.5)\text{mm} = 54\text{mm}$，考虑该轴段安装密封圈，故直径 d_2 还应符合密封圈的标准，取 $d_2 = 55\text{mm}$。

③轴段的直径 d_3 应在 d_2 的基础上增加两倍的轴肩高度，此处为非定位轴肩，一般情况下，非定位轴肩可取 $h = 1.5 \sim 2\text{mm}$。因该轴段要安装滚动轴承，故其直径要与滚动轴承内径相符合。滚动轴承内径在 $20 \sim 495\text{mm}$ 范围内均为 5 的倍数，即：20、25、30、35、…、495，这里取 $d_3 = 60\text{mm}$。

同一根轴上的两个轴承，在一般情况下应取同一型号，故安装滚动轴承处的直径应相同，即 $d_7 = d_3 = 60\text{mm}$。

④轴段上安装齿轮，取 $d_4 = 63\text{mm}$。④轴段高于③轴段只是为了安装齿轮方便，不是定位轴肩，应按非定位轴肩计算，取 $h_{34} = 1.5\text{mm}$。

⑤轴段的直径 $d_5 = d_4 + 2h_{45}$，h_{45} 是定位轴环的高度，取 $h_{45} = (0.07 \sim 0.1)d_4 = 6\text{mm}$，即 $d_5 = 63 + 2 \times 6\text{mm} = 75\text{mm}$。

⑥轴段的直径 d_6 应根据所用的轴承类型及型号查轴承标准取得，预选该轴段用 6312 轴承（深沟球轴承，轴承数据见附录 B），查得 $d_6 = 72\text{mm}$。

在确定各轴段的直径时，应该注意：安装工作零件的轴段直径（d_1、d_4）尽量取标准直径系列；安装轴承的轴段直径（d_3、d_7）以及滚动轴承定位的轴段直径（d_6）应符合滚动轴承规范，同时还要考虑轴上的其他零件（如密封圈）等。

2）各轴段的长度。课程设计时在确定了低速轴各轴段的直径后，为了确定各轴段的长度就要开始进行装配图草图设计第一阶段（非标准图设计阶段——A3 纸图设计）。

若已进入课程设计专用周，就要直接进入画图阶段，因为各轴段的长度和箱体的结构及轴系部件的相关尺寸有关，只有先确定了箱体的结构及轴系部件的尺寸，才能确定各轴段的长度。

若还没有进入课程设计专用周，是在课程设计专用周前进行的相关计算，则可参看图 4-2、图 4-3，进行各轴段的长度确定。

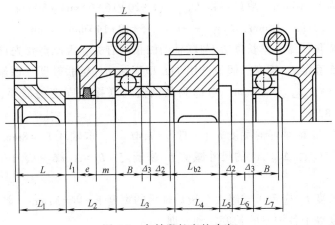

图 4-3　各轴段长度的确定

各轴段长度的确定是从安装齿轮部分的④轴段开始，为了真正理解各轴段直径的确定，要能看懂图 2-1 所示减速器箱体的相关部位的结构及图 5-1、图 5-4 所示相关部位的结构，还要查表 5-2、表 5-3。

④轴段因安装有齿轮，故该轴段的长度 L_4 与齿轮宽度有关，为了使套筒能顶紧齿

轮轮廓，应使 L_4 略小于齿轮轮毂的宽度，一般情况下 $L_{b2}-L_4=2\sim3$mm，$L_{b2}=70$mm，取 $L_4=68$mm。

③轴段的长度包括三部分，再加上 L_4 小于齿轮毂宽的数值（$L_{b2}-L_4=70$mm -68mm $=2$mm），即 $L_3=B+\Delta_2+\Delta_3+2$mm。$B$ 为滚动轴承的宽度，查附录B可知6312轴承的 $B=31$mm；Δ_2 为小齿轮端面至箱体内壁的距离，查表5-2，通常可取 $\Delta_2=10\sim15$mm，本例取 $\Delta_2=15$mm；Δ_3 为滚动轴承内端面至减速器内壁的距离，轴承的润滑方式不同，Δ_3 的取值也不同，这里选润滑方式为油润滑，查表5-2，可取 $\Delta_3=3\sim5$mm，本例取 $\Delta_3=5$mm。这里需要说明的是 Δ_2 为小齿轮端面到箱体的距离，因大齿轮的齿宽 b_2 小于小齿轮的齿宽5mm，本例大齿轮端面到箱体内壁的距离应是 Δ_2 再加上大齿轮和小齿轮齿宽的单边差值2.5mm，故此处的 Δ_2 实际应为（$15+2.5$）mm $=17.5$mm。$L_3=B+\Delta_2+\Delta_3+2$mm $=$（$31+17.5+5+2$）mm $=55.5$mm；Δ_3 处图示结构是油润滑情况，如改用脂润滑，这里的套筒应改为挡油环，Δ_3 的取值将会有变化。

②轴段的长度包括三部分：$L_2=l_1+e+m$，其中 l_1 部分为联轴器的内端面至轴承端盖的距离，查表5-2，通常可取 $15\sim20$mm。e 部分为轴承端盖的厚度，查表5-7（6312轴承 $D=130$mm，$Md_3=10$mm）；$e=1.2d_3=1.2\times10$mm $=12$mm；m 部分则为轴承盖的止口端面至轴承座孔边缘距离，此距离应按轴承盖的结构形式、密封形式及轴承座孔的尺寸来确定，课程设计时这一尺寸确定较难，要先确定轴承座孔的宽度，轴承座孔的宽度减去轴承宽度和轴承距箱体内壁的距离就是这一部分的尺寸。轴承座孔的宽度 $L_{座孔}=\delta+c_1+c_2+(5\sim10)$mm，如图5-4所示，$\delta$ 为下箱座壁厚，应查表5-3，这里取 $\delta=8$mm；c_1、c_2 为轴承座旁联接螺栓到箱体外壁及箱边的尺寸，应根据轴承座旁联接螺栓的直径查表5-3，这里假设轴承座旁联接螺栓 $Md_1=12$mm，查表5-3得：$c_1=20$mm，$c_2=16$mm；为加工轴承座孔端面方便，轴承座孔的端面应高于箱体的外表面，一般可取两者的差值为 $5\sim10$mm；故最终得 $L_{座孔}=$（$8+20+16+6$）mm $=50$mm。反算 $m=L_{座孔}-\Delta_3-B=$（$50-5-31$）mm $=14$mm，$L_2=l_1+e+m=$（$15+12+14$）mm $=41$mm。

①轴段安装联轴器，其长度 L_1 与联轴器的长度有关，因此需要先选定联轴器的类型及型号，才能确定 L_1 长度。假设选用TL8型弹性套柱销联轴器（联轴器的有关数据见附录F），查得 $L_{联轴器}=84$mm，考虑到联轴器的联接和固定的需要，使 L_1 略小于 $L_{联轴器}$，取 $L_1=82$mm。

⑤轴段长度 L_5 即轴环的宽度 b（一般 $b=1.4h_{45}$），取轴环 $L_5=8$mm。

⑥轴段长度 L_6 由 Δ_2、Δ_3 的尺寸减去 L_5 来确定，$L_6=\Delta_2+\Delta_3-L_5$（$17.5+5-8$）mm $=14.5$mm。

⑦轴段的长度 L_7 应等于或略大于滚动轴承的宽度 B，$B=31$mm，取 $L_7=33$mm。

轴的总长度等于各轴段的长度之和，即

$$L_{总长}=L_1+L_2+L_3+L_4+L_5+L_6+L_7=(82+41+55.5+68+8+14.5+33)\text{mm}=302\text{mm}$$

在确定各轴段长度时，应注意：装有零件的轴段，其长度与所装零件的宽度（或长度）有关，一定要先确定零件的宽度（或长度），再确定各轴段的长度。当采用套筒、螺母等做零件的轴向固定时，应使安装零件轴段（如轴段④）的长度比零件的宽度（或长度）小 $2\sim3$mm，以确保套筒、螺母等能紧靠零件端面进行轴向固定。当轴的长度与箱体或外围零件有关时（如轴段②），一定要先确定箱体或外围零件的相关尺寸，才能确定出轴的长度。

第三节　课程设计时的处理方法

课程设计绘图前要先将各种传动形式的几何尺寸计算出来，当然，此时的几何尺寸只是初步的，各部分的详细尺寸要在设计过程中根据结构需要再进一步确定；要初步完成轴的结构设计，主要是各轴段直径的设计，各轴段长度的设计要在箱体设计时根据结构确定。设计轴的直径时应参考各种相应的减速器正式装配图，初步确定轴的结构形式，根据已计算出的有关数据，确定出各轴段的直径。

单级圆柱齿轮减速器主要确定低速轴。高速轴一般为齿轮轴结构，确定出轴颈直径即可，其余尺寸在箱体设计时再进一步确定。

单级蜗杆减速器主要确定蜗轮轴。蜗杆轴自为一体，估算出外伸端直径，再确定出轴颈直径即可。

二级圆柱齿轮减速器确定中间轴和低速轴，高速轴若为齿轮轴结构，则只估算出外伸端和轴颈直径即可，若为单独轴结构要确定出各段直径。

笔　记

第五章

圆柱齿轮减速器设计

第一节　减速器装配图设计概述

1. 装配图内容

减速器装配图反映减速器整体轮廓形状、传动方式，也表达出各零件间的相互位置、尺寸和结构形状。减速器装配图是减速器工作原理和零件间装配关系的系统图，是减速器部件组装、调试、检验及维修的技术依据，也是绘制零件工作图的基础。装配图应包括以下四方面的内容：

1）完整、清晰地表达减速器全貌的一组视图。

2）必要的尺寸标注。

3）技术要求及调试、装配、检验说明。

4）零件编号、标题栏、明细栏。

2. 装配图设计前的准备

装配图草图设计前，应整理前面已经计算出的结果，准备出下列数据与资料：

1）电动机的型号、电动机轴的直径、外伸长度、中心高。

2）各传动件主要尺寸参数，如齿轮齿顶圆直径、齿宽、中心距、蜗杆传动的中心距等。

3）初算轴的直径和阶梯轴各段直径。

4）联轴器的型号、毂孔直径和长度、装拆尺寸等。

5）键的类型和尺寸。

3. 减速器结构设计方案

通过阅读有关资料，看实物、模型、录像或进行减速器装拆等方式，了解减速器的结构，了解减速器各组成零件的功能、类型和结构，做到对设计内容心中有数。分析并初步确定减速器的结构设计方案，包括箱体结构（剖分式或整体式）、轴及轴上零件的固定方式、轴的结构、轴承的类型、润滑及密封方案、轴承端盖的结构（凸缘式或嵌入式），以及传动件的结构等。

第二节　装配图草图设计第一阶段

减速器的设计是一项细致而又较复杂的工作，设计过程中既应遵守国家的规范和标准，又要有创新，发挥设计的个体性。应参考现有的减速器类型设计出满足工作要求，结合工程实际需要的减速器。

减速器的设计过程要综合考虑工作要求、材料、强度、刚度、磨损、加工、装拆、调整、润滑、维护及经济性等因素，设计过程是一个边计算、边画图、边修改的复杂过程，要经过几个设计阶段才能完成。

减速器的设计可以分为三个阶段：第一阶段为非标准图设计阶段；第二阶段为坐标纸图设计阶段；第三阶段为正式图设计阶段。前两个阶段为减速器草图设计阶段，第三阶段为减速器正式装配图设计阶段。

下面以单级圆柱齿轮减速器为例详细讲解减速器设计的一般方法和步骤，其他类型的减速器设计基本类似，可参考设计。

减速器的设计应由内向外设计，单级圆柱齿轮减速器的设计从低速轴开始设计，进行轴的结构设计过程中，涉及很多箱体和附件的尺寸，要不断确定箱体和附件的尺寸，在确定箱体和附件的尺寸的过程中逐步完成轴的结构设计。在设计过程中，应按照从主到次、从内到外、从粗到细的顺序，边画图、边计算、边修改。

非标准图（A3纸图）设计过程中，主要设计俯视图（设计过程见附录T）中的低速轴长度及轴系部件和箱体有关尺寸，为第二阶段（坐标纸图）做准备，主视图可在第二阶段再画。详细的设计过程可见"减速器俯视图草图设计"二维码。

减速器俯视
图草图设计

在准备进行轴的结构设计之前，要根据以前的计算结果（运动参数和动力参数表），确定出齿轮有关尺寸和低速轴、高速轴各轴段的直径，轴直径的确定方法可参看第三章第二节和表5-1，轴的结构设计如图5-1所示。在图5-1所示结构中，轴线以上指轴承为脂润滑结构，轴线以下指轴承为油润滑结构。

表5-1　各轴段直径的确定

轴号	确定方法及说明
d	初估直径,参见《机械设计基础》,取值应和联轴器的孔径一致
d_1	$d_1 = d + 2h$, h 为定位轴肩高度,用于轴上零件的定位和固定,故 h 值应稍大于毂孔的圆角半径或倒角值,通常取 $h \geq (0.07 \sim 0.1)d$
d_2	$d_2 = d_1 + (1 \sim 5)$ mm,图5-1中, d_2 与 d_1 的直径差是为了安装轴承方便,为非定位轴肩,不宜取得过大。但 d_2 安装轴承,故 d_2 应符合轴承标准
d_3	$d_3 = d_2 + (1 \sim 5)$ mm,直径变化仅为区分加工面,根据润滑情况也可不设 d_3
d_4	$d_4 = d_3 + (1 \sim 5)$ mm,直径变化安装齿轮方便及区分加工面, d_4 与齿轮相配,应圆整为标准直径(一般以0、2、5、8为尾数)
d_5	$d_5 = d_4 + 2h$, h 为定位轴肩高度,通常取 $h \geq (0.07 \sim 0.1)d$

笔 记

（续）

轴号	确定方法及说明
d_6	一般 $d_6 = d_2$，同一轴上的滚动轴承最好选用同一型号，以便于轴承座孔的镗削和减少轴承类型 轴承左端的轴肩是定位轴肩，为便于轴承的拆卸，该处的轴肩应符合轴承的规范，如 d_5 尺寸和该处定位轴肩的尺寸不一致，应将该处设计为阶梯轴或锥形轴段

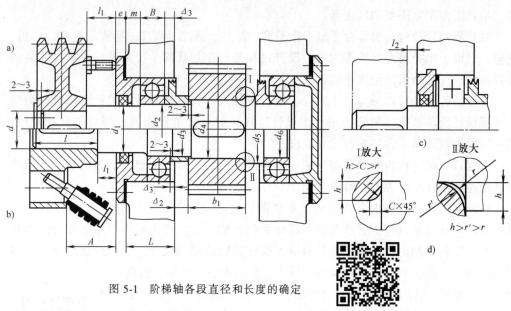

图 5-1　阶梯轴各段直径和长度的确定

一级减速器内部结构

非标准图（A3 纸图）具体设计过程如下：

1. 确定低速轴轴线和大齿轮位置

准备一张 A3 图纸，选择合适的比例（建议用比例 1：2，正式装配图也建议用比例 1：2），参见图 5-6 总体布置，在合适的地方画出低速轴的轴线，确定轴段 d_4 和大齿轮 b_2 的位置，如图 5-2 所示。

2. 确定箱体内壁位置

按有关参考数据确定齿轮的端面到箱体内壁的距离与大齿轮的齿顶圆到箱体内壁的距离，有关数据见表 5-2，如图 5-3 所示。

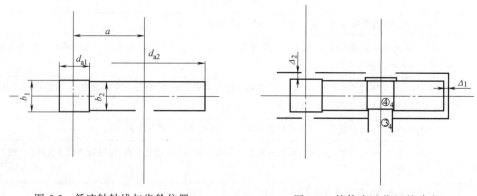

图 5-2　低速轴轴线与齿轮位置　　　　图 5-3　箱体内壁位置的确定

表 5-2　各轴段长度的确定

符号	名　称	确定方法及说明
b	齿轮宽度	b 为齿轮宽度,由齿轮设计确定,轴上该轴段长度应比轮毂短 $2\sim3$mm
Δ_2	小齿轮端面至箱体内壁的距离	$\Delta_2 = 10\sim15$mm,对重型减速器应取大值
Δ_3	轴承至箱体内壁的距离	当轴承为脂润滑时应设挡油环,取 $\Delta_3 = 8\sim12$mm,当轴承为油润滑时,取 $\Delta_3 = 3\sim5$mm
B	轴承宽度	按轴颈直径初选(建议选择中窄系列)
L	轴承座孔长度	L 由轴承座旁联接螺栓的扳手空间位置确定,即 $L=\delta+c_1+c_2+(5\sim10)$mm 或 $L=B+m+\Delta_3$,取两者较大值
m,e	轴承端盖长度尺寸	凸缘式轴承端盖 m 尺寸不宜过小,以免拧紧固定螺钉时轴承盖歪斜,一般 $m=(0.1\sim0.15)D$,D 为轴承外径;e 值可根据轴承外径查表 5-7,应使 $m\geqslant e$(见图 5-1)
l_1	外伸轴上旋转零件的内壁面与轴承端盖外端面的距离	l_1 与外接零件及轴承盖的结构有关,在图 5-1a 中,l_1 应保证轴承盖固定螺钉的装拆要求;在图 5-1b 中,l_1 应保证联轴器柱销的装拆要求。采用凸缘式轴承盖,$l_1 = 15\sim20$mm
l	外伸轴上安装旋转零件的轴段长度	按轴上旋转零件的轮毂孔宽度和固定方式确定。为使轴端不发生干涉,应使该段轴的长度比轮毂孔宽度短 $2\sim3$mm

3. 确定箱体轴承座孔宽度

确定出箱体内壁位置后,选择轴承类型,确定箱体轴承座孔直径（轴承外径）。一般减速器多采用滚动轴承,如为斜齿轮减速器且轴向力大时可选用能承受轴向力的圆锥滚子轴承或角接触球轴承。滚动轴承类型主要是根据轴承的特性即载荷大小、方向和性质,转速高低,旋转精度等要求进行选择,滚动轴承类型及型号可用类比法根据轴颈确定,具体选择方法可参看《机械设计基础》教材的有关内容。

选择轴承座旁的联接螺栓,联接螺栓凸台的结构如图 5-4b 所示,具体直径见表 5-3。

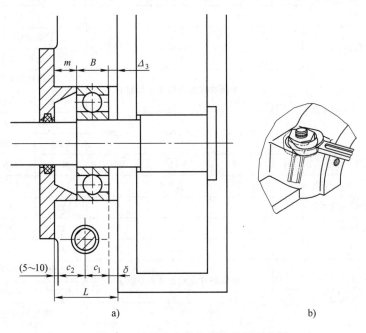

a)　　　　　　　　　　　　b)

图 5-4　轴承座旁联接螺栓的扳手空间

表 5-3 减速器铸铁箱体主要结构尺寸关系 （单位：mm）

名称	符号	荐 用 尺 寸					
一、减速箱体厚度部分		圆柱齿轮减速器				蜗杆减速器	
下箱座壁厚	δ	一级	$0.025a+1 \geqslant 8$			$0.04a+3 \geqslant 8$	
		双级	$0.025a+2 \geqslant 8$				
		考虑铸造工艺,所有的壁厚不应小于 8					
上箱盖壁厚	δ_1	一级	$0.025a+1 \geqslant 8$			蜗杆在下: $\delta_1 = 0.85\delta \geqslant 8$	
		双级	$0.025a+2 \geqslant 8$			蜗杆在上: $\delta_1 = \delta \geqslant 8$	
下箱座剖分面处凸缘厚度	b	$b = 1.5\delta$					
上箱盖剖分面处凸缘厚度	b_1	$b_1 = 1.5\delta_1$					
地脚螺栓底脚厚度	b_2	$b_2 = 2.5\delta$					
箱盖上的肋厚	δ_1'	$\delta_1' \geqslant 0.85\delta_1$					
箱座上的肋厚	δ'	$\delta' > 0.85\delta$					
二、安装地脚螺栓部分		单级圆柱齿轮传动中心距 a			二级圆柱齿轮传动 $a_1 + a_2$		
					$\leqslant 300$	$\leqslant 400$	$\leqslant 600$
					蜗杆传动中心距 a		
		$\leqslant 100$	$\leqslant 200$	$\leqslant 250$	$\leqslant 200$	$\leqslant 250$	$\leqslant 350$
地脚螺栓直径	d_f	M12	M16	M20	M16	M20	M24
地脚螺栓通孔直径	d_f'	15	20	25	20	25	30
地脚螺栓沉头座直径	D_0	40	45	48	45	48	60
底脚凸缘尺寸	c_1'	20	25	30	25	30	38
（扳手空间）	c_2'	18	22	25	22	25	35
地脚螺栓数目	n	4～6			二级齿轮	6	
					蜗杆	4	
三、安装轴承座旁螺栓部分		单级圆柱齿轮传动中心距 a			二级圆柱齿轮传动 $a_1 + a_2$		
					$\leqslant 300$	$\leqslant 400$	$\leqslant 600$
					蜗杆传动中心距 a		
		$\leqslant 100$	$\leqslant 200$	$\leqslant 250$	$\leqslant 200$	$\leqslant 250$	$\leqslant 350$
轴承座旁联接螺栓直径	d_1	M10	M12	M16	M12	M16	M20
轴承座旁联接螺栓通孔直径	d_1'	11	13.5	17.5	13.5	17.5	22
轴承座旁联接螺栓沉头座直径	D_0	22	26	33	26	33	38
剖分面凸缘尺寸	c_1	18	20	24	20	24	28
（扳手空间）	c_2	14	16	20	16	20	24
四、安装上下箱螺栓部分		单级圆柱齿轮传动中心距 a			二级圆柱齿轮传动 $a_1 + a_2$		
					$\leqslant 300$	$\leqslant 400$	$\leqslant 600$
					蜗杆传动中心距 a		
		$\leqslant 100$	$\leqslant 200$	$\leqslant 250$	$\leqslant 200$	$\leqslant 250$	$\leqslant 350$

笔 记

（续）

名称	符号	荐用尺寸					
上下箱联接螺栓直径	d_2	M8	M10	M12	M10	M12	M16
上下箱联接螺栓通孔直径	d_2'	9	11	13.5	11	13.5	17.5
上下箱联接螺栓沉头座直径	D_0	18	22	26	22	26	33
箱缘尺寸（扳手空间）	c_1	15	18	20	18	20	24
	c_2	12	14	16	14	16	20
轴承端盖（即轴承座）外径	D_2	$D_2 =$ 轴承孔直径 $D+(5\sim5.5)d_3$					
箱体外壁至轴承座端面的距离	l	$l=c_1+c_2+(5\sim10)$					
轴承座孔长度 （箱体内壁至轴承座端面的距离）	L	$L=l+\delta$					
轴承座旁凸台的高度	h	根据低速轴轴承盖外径 D_2 和 Md_1 扳手空间 c_1 的要求，由结构确定					
轴承座旁凸台的半径	R_δ	$R_\delta=c_2$					
轴承座旁联接螺栓的距离	S	为防止螺栓干涉，同时考虑轴承座的刚度，一般取 $S=D_2$					
轴承端盖螺钉直径	d_3	见表 5-7					
检查孔盖联接螺栓直径	d_4	$d_4=0.4$，$d_f\geqslant6$					
圆锥定位销直径	d_5	$d_5=0.8d_2$					
减速器中心高	H	$H=R_a+(60\sim80)$mm，R_a 为大齿轮顶圆半径，双级取低速级					
大齿轮顶圆（蜗轮外圆） 与箱体内壁的距离	Δ_1	$\geqslant1.2\delta$					
齿轮（蜗轮轮毂） 端面与箱内壁的距离	Δ_2	$\geqslant\delta$					

如图 5-58 所示，单级圆柱齿轮减速器中轴系结构处的轴承润滑为油润滑结构形式，若采用脂润滑结构就是如图 5-26、图 5-27 所示将轴承向外移，加上挡油环，这时轴承端盖止口比油润滑时稍变短即可，其他部位及尺寸都不变。

轴承座孔的外端面位置由箱体内壁线及轴承座孔的宽度 L 来确定，确定轴承座孔长度 L 时应综合考虑箱内箱外的结构需求。

确定轴承座孔宽度时，主要考虑箱体外面轴承座孔两旁联接螺栓的扳手空间位置，如图 5-4、图 5-5 所示。轴承座孔宽度 $L=\delta+c_1+c_2+(5\sim10)$mm。$c_1$、$c_2$ 为扳手空间所决定的尺寸（查表 5-3）。

轴承座孔内一般装有轴承、端盖、密封装置、挡油环等零件（图 5-4 轴线以上部分）。端盖止口 m 不宜太短，以免拧紧螺钉时端盖歪斜。一般取 $m=(0.10\sim0.15)D$，D 为轴承外径。轴承座孔宽度 $L=B+m+\Delta_3$。在一般情况下，低速轴因受力较大，轴承较宽，故所需轴承座孔宽度也较大。高速轴或中间轴的轴承座孔宽度应与低速轴轴承座孔宽度相同，这样可使各轴承座孔外端面在同一平面上，以便于加工。

设计时应比较箱内外结构所要求的不同的轴承座孔宽度，取其中的较大值。一般情况下轴承座孔宽度多由轴承座孔旁联接螺栓的扳手空间位置确定。

笔记

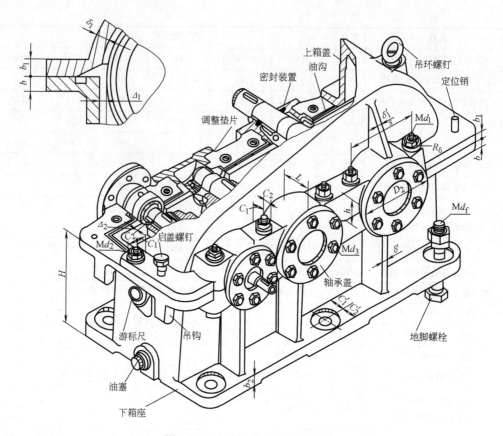

图 5-5　二级圆柱齿轮减速器结构

4. 确定轴承在箱体座孔的位置

轴承在箱体轴承座孔内的位置是由轴承润滑方式确定的，确定方法见第三节中"滚动轴承的润滑"的相关内容。当轴承采用脂润滑时，轴承内侧面离箱体的内壁距离 Δ_3 应大一些，以便安装挡油环（见图 5-26，图 5-27），防止箱内油流入使润滑脂变稀或冲走。一般 $\Delta_3 = 8 \sim 12\text{mm}$。

当轴承依靠箱内传动件甩油进行飞溅润滑时，距离 Δ_3 可小些，以使润滑油能顺利进入轴承孔内，一般取 $\Delta_3 = 3 \sim 5\text{mm}$。

5. 轴的结构设计

轴的结构设计时要全面考虑减速器的结构，要认真阅读图 5-58，配合相关内容，决定箱体结构（包括滚动轴承润滑、轴承端盖结构等）。图 5-1 表示了阶梯轴的结构形状和各段尺寸关系，图中轴线以上所示部分为端部装 V 带轮的结构，轴承润滑方式为脂润滑；轴线以下所示部分为端部装弹性套柱销联轴器的结构，轴承润滑方式为油润滑。各轴段长度的确定可参看表 5-2。

轴的结构设计是课程设计的关键，也是非标准图（A3 纸图）设计的主要内容。在设计过程中，先设计低速轴，涉及箱体及附件的尺寸时，应按要求查有关标准或相关数据认真确定。按照例 3-1 的步骤逐段确定轴的各段尺寸。设计出左边箱体后，右边箱体取和左边对称，就可确定出右边箱体。设计出低速轴系结构后，保持箱体内外壁尺寸不变，就可确定出高速轴部位的箱体。这样就基本完成了非标准图（A3 纸图）的设计，如图 5-6 所示。

6．确定支反力作用点

轴的结构确定后，从图中可以确定出轴承支反力作用点及其之间的距离，如图 5-6 所示，小齿轮轴的支点距离为 A_1+B_1，大齿轮轴的支点距离为 B_2+C_2。

7．进行轴及轴承的校核计算

在轴承支点确定后，就可利用材料力学的知识求出支反力，画出弯矩图，确定危险截面，进行轴的强度校核。在计算轴的弯矩时，还应注意轴上其他零件（带轮、链轮）对轴受力的影响。如轴的强度满足要求，可继续进行下面的设计；如果强度不够，则必须对轴的一些参数，如轴径、圆角半径、断面变化尺寸等进行修改；如轴的强度裕量过大，不必匆忙修改，待轴承寿命及键的强度校核后，再综合考虑如何修改轴的强度。

进行轴上受力分析后，可以计算出轴承支座上的力，根据轴承类型和受力状况，在预选轴承的基础上验算轴承的寿命；或根据给定的使用寿命再选择轴承的型号，并和预选的型号进行比较，确定所用的轴承型号。如轴承的使用寿命低于减速器的预期使用时间，可以选择轴承的使用寿命为减速器的检修期，及时更换滚动轴承。

非标准图（A3 纸图）确定以上内容后，就基本完成第一阶段的设计（见图 5-6）。对于圆柱齿轮减速器的箱体尺寸，小齿轮顶圆到箱体内壁的距离 Δ_4 现阶段不能确定，要等到第二阶段（坐标纸图）由主视图确定了小齿轮轴承座旁联接螺栓和上下箱体的联接尺寸后投影才能确定。

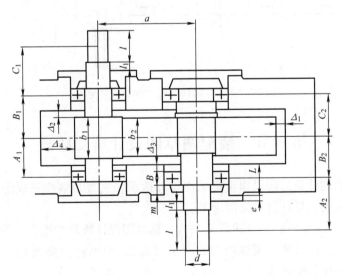

图 5-6　一级圆柱齿轮减速器装配草图

二级圆柱齿轮减速器（见图 5-7）的设计过程基本和一级减速器相似，参考一级减速器设计的方法和设计过程来确定二级减速器的各部分结构。设计非标准图时，可先画中间轴（图中间轴上两齿轮的间距 $\Delta_5=8\sim15\mathrm{mm}$），以中间轴确定齿轮与箱体间的尺寸，进一步确定出箱体内壁的位置。确定出中间轴位置和箱体的内壁后，再画出高速轴和低速轴的位置。以低速级传动确定轴承座孔旁联接螺栓，确定出轴承座孔的宽度，为便于制造加工，箱体取一样的宽度。高速轴和低速轴的轴承座孔一样宽，高速轴因轴承型号偏小，轴承宽度较窄，出现轴承端盖止口 m 过长，为制造加工方便，可取合适的止口长度，再加一个套筒。套筒的外径取轴承的外径，内径取轴承外圈的内径。为方便装拆，套筒外径的尺寸公差可比轴承外径尺寸的公差稍小些。待箱体设计基本完成后，确定中间轴和低速轴的支点位置，进行中间轴和低速轴的弯扭组合强度校核计算，并进行轴承的寿命计算，如强度（寿命）不满足要求，应进行相应的修改。

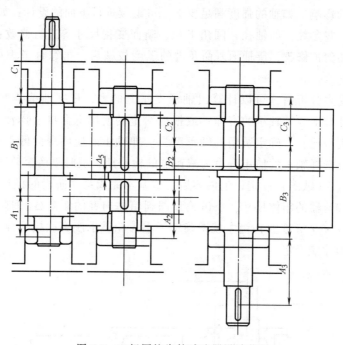

图 5-7　二级圆柱齿轮减速器设计草图

第三节　装配图草图设计第二阶段

装配图草图设计第二阶段即坐标纸图设计阶段，主要是继续完成俯视图的设计和设计减速器主视图，设计过程见附录 U。

非标准图（A3 纸图）设计阶段只是为坐标纸图设计阶段做准备，图 5-6 所示的结构图已展现出俯视图的宽，俯视图的长（关键是 Δ_4 的确定）要放到主视图结构出来后，由主视图的投影来确定。

根据已计算出的齿轮尺寸可以估计出主视图的高，主视图的中心高 H（齿轮中心到底板的距离）可按大齿轮的齿顶圆半径加 $60 \sim 80$mm 来确定。坐标纸可选 A1 幅面，竖长使用，一般用 $1:2$ 比例画图，只画主视图和俯视图，合理估计这两个图的位置。左视图在主视图和俯视图画出来后，绘制正式装配图时再画。

坐标纸图设计阶段将进一步确定减速器箱体及各附件的结构与尺寸，是减速器设计的主要阶段，这一阶段设计结束后，减速器的外形就基本确定。

坐标纸图设计阶段的具体设计过程可见"减速器坐标纸图设计"的二维码（设计过程可见图 5-50、图 5-58、图 5-59 等）。

减速器坐标
纸图设计

1．减速器箱体的设计

（1）确定箱体的结构　一般减速器多采用铸造箱体结构。设计铸造箱体结构时，应考虑箱体的刚度、结构工艺性等方面的要求。图 2-1 和图 5-5 所示为圆柱齿轮减速器箱体的结构形状，表 5-3 给出铸造箱体的结构尺寸，设计时可参考。

（2）确定箱体内壁的位置　在合适的位置确定俯视图和主视图的位置，按非标准图的结果画出俯视图。确定主视图的中线位置，画出啮合齿轮的分度圆和齿顶圆直径，确定箱盖和箱座的内壁及外壁的位置，如图 5-8 所示。

（3）确定轴承座旁联接螺栓凸台　为了增强轴承装置部分的刚度，轴承座孔两侧的联接螺栓（d_1 的确定见表 5-3）应尽量靠近，为此，需在轴承座两侧作出螺栓联接用凸台。轴承座孔两侧螺栓的距离 s 不宜太大

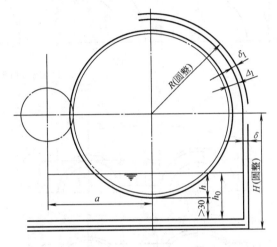

图 5-8　箱体与齿轮的距离

或太小，一般取 $s = D_2$，D_2 为凸缘式轴承盖的外圆直径（见表 5-7）。s 过大（见图 5-9），不设凸台，联接刚性差。s 过小（见图 5-10），螺栓孔可能与轴承盖螺钉孔干涉，还可能与输油沟干涉。

笔记

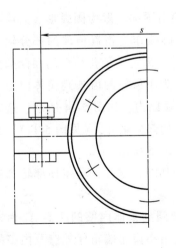

图 5-9　s 值过大

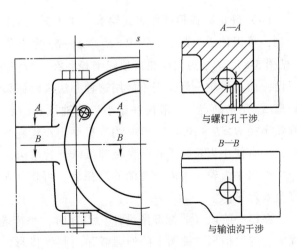

与螺钉孔干涉

与输油沟干涉

图 5-10　s 值过小

轴承座旁联接螺栓凸台高度 h 由联接螺栓中心线位置（s 值）和保证装配时有足够的扳手空间（见图 5-4）来确定，其确定的方法和过程如图 5-11 所示。主动轮和从动轮轴承座孔旁联接螺栓凸台的高度可能会不一样，应分别来求凸台高度，并按最大凸台高度确定。为制造加工方便，各轴承座凸台高度应当一致，两个轴承座凸台中间不应出现狭缝，图 5-12a 所示为不正确结构，图 5-12b 所示为正确结构。凸台结构的三视图关系如图 5-13 所示。

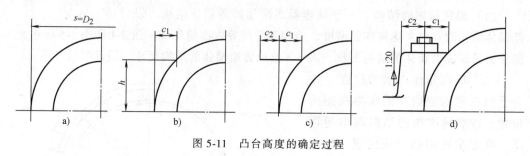

图 5-11　凸台高度的确定过程

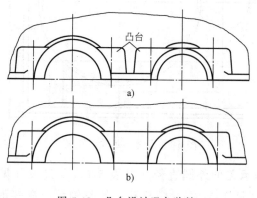

图 5-12　凸台设计避免狭缝

a）不正确　b）正确

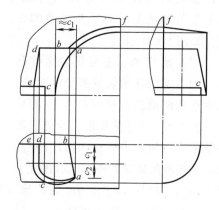

图 5-13　箱盖凸台

笔 记

（4）确定箱盖顶部外表面轮廓　对于铸造箱体，箱盖顶部一般为圆弧形。大齿轮一侧，可以轴心为圆心，以 $R = R_{aZ} + \Delta_1 + \delta_1$ 为半径画出圆弧作为箱盖顶部的部分轮廓（见图 5-8），R_{aZ} 为大齿轮齿顶圆半径。在一般情况下，大齿轮轴承孔凸台均在此圆弧以内。而小齿轮一侧，则不能用这种办法来画圆弧，因为小齿轮的齿顶到箱体内壁的距离 Δ_4 还未确定。一般最好让小齿轮轴承孔凸台在圆弧以内，如图 5-14 所示，这时圆弧半径 $R \geqslant R' + 10\text{mm}$，用 R 为半径画出小齿轮处箱盖的部分轮廓，（见图 5-14）。当然，也有使小齿轮轴承孔凸台在圆弧以外的结构，如图 5-15 所示。

画出小齿轮、大齿轮两侧的圆弧后，可作两圆弧的切线，这样，箱盖顶部轮廓就完全确定了。

在第一阶段（非标准图设计）设计时，小齿轮齿顶圆到箱体内壁的距离 Δ_4 尚未确定，这时根据主视图上的外圆弧和内圆弧投影，确定出小齿轮端箱体外壁及内壁的位置，再投影到俯视图中确定出小齿轮齿顶一侧的箱体内壁。

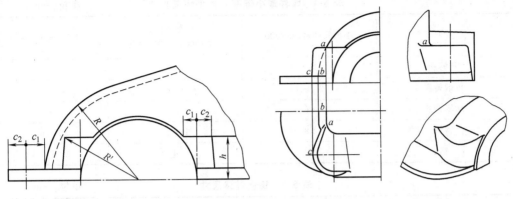

图 5-14　小齿轮端箱体内壁位置　　　　　　图 5-15　凸台在箱壁外侧

（5）确定上下箱联接凸缘　为了保证箱盖与箱座的联接刚度，箱盖与箱座的联接凸缘应较箱壁 δ 厚些，如图 5-16a 所示。联接凸缘的宽度按上下箱联接螺栓（d_2）的 c_1、c_2 来确定，如图 5-14 所示。

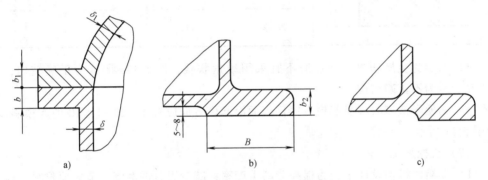

图 5-16　箱体联接凸缘及底座凸缘

a）$b_1 = 1.5\delta_1$，$b = 1.5\delta$　b）$b_2 = 2.5\delta$，$B = c_1' + c_2' + 2\delta$　c）不正确

笔记

联接箱盖与箱座的螺栓组应对称布置，并且不应与吊钩、吊环、定位销、油标尺等干涉。

上下箱联接螺栓直径见表 5-3，螺栓距离一般不大于 $100 \sim 150\text{mm}$，但不应小于扳手空间尺寸。

为了保证箱体底座的刚度，取底座凸缘厚度 b_2 为 2.5δ，底面宽度 B 应超过内壁位置，一般 $B = c_1' + c_2' + 2\delta$，$c_1'$、$c_2'$ 为地脚螺栓扳手空间的尺寸（见表 5-3）。图 5-16b 所示为正确结构，图 5-16c 所示结构是不正确的。

（6）箱体的结构工艺性　在设计铸造箱体时，应力求壁厚均匀，过渡平缓，金属无局部积聚，起模容易等。铸件最小壁厚见表 5-4。

1）为保证液态金属流动通畅，按表 5-5 确定过渡圆角处的最小半径。

2）为了避免因冷却不均而造成的内应力裂纹或缩孔，箱体各部分壁厚应均匀，当由较厚部分过渡到较薄部分时，应采用平缓的过渡结构，过渡数值见表 5-5。表中数值适用于 $h = (2 \sim 3)\delta$ 的情况，当 $h > 3\delta$ 时，应增大数值。当 $h < 2\delta$ 时，无须过渡。

表 5-4　铸件最小壁厚（砂型铸造）　　　　　　　　（单位：mm）

材料	小型铸件≤200×200	中型铸件 （200×200）~（500×500）	大型铸件>500×500
灰铸铁	3~5	8~10	12~15
可锻铸铁	2.5~4	6~8	—
球墨铸铁	>6	12	—
铸钢	>8	10~12	15~20
铝	3	4	6

表 5-5　铸件过渡尺寸　　　　　　　　　　　　　　（单位：mm）

铸件壁厚 δ	x	y	R
10~15	3	15	5
15~20	4	20	5
20~25	5	25	5

3）为避免金属积聚，两壁间不宜采用锐角联接，图 5-17a 所示为正确结构，图 5-17b 所示为不正确结构。

4）为便于造型时容易起模，铸件表面沿起模方向应有 1：20~1：10 的起模斜度，如图 5-11 所示。

（7）机械加工工艺性

1）在箱体结构设计中，为提高劳动生产率，减少刀具的磨损，节省原材料，应尽可能减少机械加工面积，如箱体座底面（见图 5-18a）可以设计成图 5-18b、c、d 所示的几种结构形式，以减少加工面积。对于螺栓头部或螺母支承面，可采用局部加工的方法（即凸台或沉头座），如图 5-19 所示。

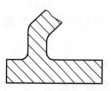

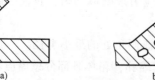

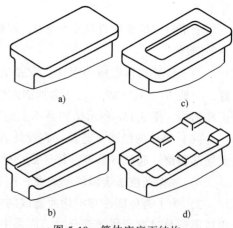

a)

b)

图 5-17　两壁联接
a）正确　b）不正确

图 5-18　箱体座底面结构

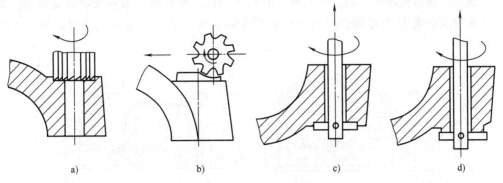

图 5-19 凸台支承面及沉头座的加工方法

2）应严格区分加工表面和非加工表面。如轴承座端面、检查孔端面等需要加工，因此应当凸出一些，且各轴承座端面应位于同一平面，以利于一次性调整加工。

3）箱体结构设计时，还应考虑机械加工时走刀不要互相干涉。如图 5-20a 所示，在加工检查孔端面时，刀具将与吊环螺钉座相撞，故应改为图 5-20b 所示结构。

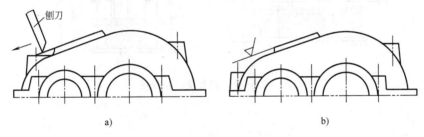

图 5-20 窥视孔凸台结构

a）不正确 b）正确

2．减速器的润滑

从减速器的润滑设计开始，就直接涉及减速器的总体设计。在设计过程中，要综合考虑，要参考图 5-50 及装配正式图提供的各种图例，确定各自设计的减速器结构，以保证减速器设计第二阶段和第三阶段的连贯性，为第三阶段的设计（完成正式装配图）做好准备。

减速器传动件和轴承都需要良好的润滑，其目的是为了减少摩擦、磨损，提高效率，防锈，冷却和散热。

（1）传动件的润滑 绝大多数减速器传动件都采用油润滑，其润滑方式多为浸油润滑。对高速传动，可采用喷油润滑。

浸油润滑：当齿轮的圆周速度 $v<12m/s$，蜗杆圆周速度 $v<10m/s$ 时，传动件的润滑采用浸油润滑。浸油润滑是将传动件一部分浸入油中，传动件回转时，黏在其上的润滑油被带到啮合区进行润滑。同时，油池中的润滑油被甩到箱壁上，可以散热。

箱体内应有足够的润滑油，以保证润滑及散热的需要。为了避免油搅动时沉渣泛起，齿顶到油池底面的距离应大于 30mm（见图 5-21）。为保证传动件充分润滑且避免搅油损失过大，合适的浸油深度 h_1 值见表 5-6。由此确定减速器中心高 H，并圆整。

笔记

设计二级齿轮减速器时，应选择适宜的传动比，使各级大齿轮浸油深度适当。如果低速级大齿轮浸油过深，超过表 5-6 的浸油范围，则可采用油轮润滑，如图 5-22 所示。

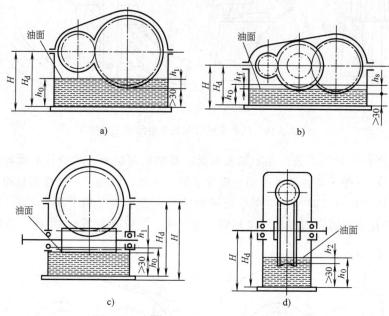

图 5-21 浸油润滑及浸油深度

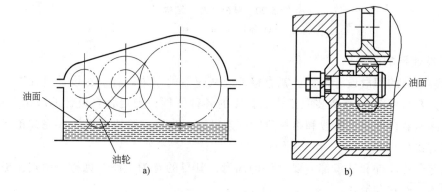

图 5-22 油轮润滑

表 5-6 传动件浸油深度推荐值

减速器类型	传动件浸油深度
一级圆柱齿轮减速器（见图 5-21a）	$m<20$mm 时，h_1 约为 1 个齿高，但不小于 10mm $m>20$mm 时，h_1 约为 0.5 个齿高
二级减速器（见图 5-21b）	高速级大齿轮，h_f 约为 0.7 个齿高，但不小于 10mm 低速级大齿轮，h_s 按圆周速度大小而定，速度大取小值 v 为 0.8~1.2m/s 时，h_s 约为 1 个齿高（但不小于 10mm）~1/6 个齿轮半径 v 为 0.5~0.8m/s 时，$h_s \leq (1/6~1/3)$齿轮半径

（续）

减速器类型		传动件浸油深度
蜗杆减速器	蜗杆下置（见图 5-21c）	$h_1 = (0.75 \sim 1)h$。h 为蜗杆齿高，但油面不应高于蜗杆轴承最低一个滚动体中心
	蜗杆上置（见图 5-21d）	h_2 同低速级圆柱大齿轮浸油深度 h_s

喷油润滑：当齿轮圆周速度 $v>12\mathrm{m/s}$，或蜗杆圆周速度 $v>10\mathrm{m/s}$ 时，则不能采用浸油润滑，因为黏在传动件上的油由于离心力作用易被甩掉，啮合区得不到可靠供油，而且搅油使油温升高，此时宜用喷油润滑，即利用液压泵将润滑油通过油嘴喷至啮合区对传动件润滑，如图 5-23 所示。注意，油应从啮合段喷入，喷嘴沿齿宽均匀分布。但是，喷油润滑需要专门的油路、过滤器、油量调节装置等，故费用较高。

（2）滚动轴承的润滑　齿轮减速器滚动轴承的润滑可分为脂润滑和飞溅润滑两种。当浸油齿轮的圆周速度 $v<1.5\mathrm{m/s}$ 时，采用脂润滑；当 $v>1.5\mathrm{m/s}$ 时，则应采用油润滑。

脂润滑：指在装配时将润滑脂填入轴承室，润滑脂的填入量为轴承室的 $1/2 \sim 2/3$，以后每年添 $1 \sim 2$ 次。填润滑脂时，可拆去轴承端盖直接添加，也可用旋盖式油杯加注，如图 5-24 所示，或采用压注油杯，用压力枪加注，如图 5-25 所示。

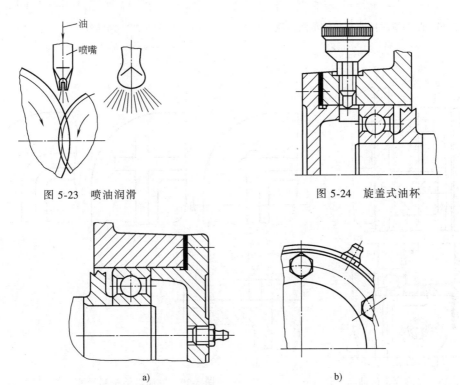

图 5-23　喷油润滑　　　　图 5-24　旋盖式油杯

a)　　　　　　　　b)

图 5-25　压注油杯

当轴承采用脂润滑时，为防止箱内润滑油进入轴承，造成润滑脂稀释而流出，通常在箱体轴承座内端面一侧安装挡油环。其结构尺寸和安装位置如图 5-26、图 5-27

所示。

　　飞溅润滑：减速器中只要有一个浸入油池的旋转零件的圆周速度 $v>1.5$m/s 时，即可采用飞溅润滑来润滑轴承。当利用箱内零件溅起来的油润滑轴承时，通常箱盖凸缘面在箱盖接合面与内壁相接的边缘处制出倒棱，以便于油流入油沟，如图 5-28 所示。分箱面上油沟的断面尺寸如图 5-29 所示。

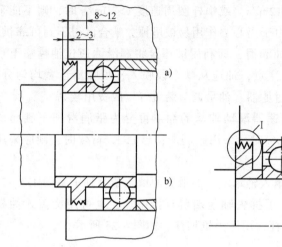

图 5-26　脂润滑时挡油环和轴承的位置
a）正确　b）不正确

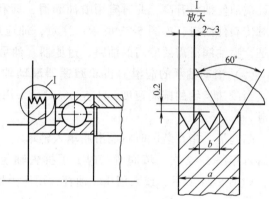

图 5-27　挡油环
$a=6\sim9$mm；$b=2\sim3$mm

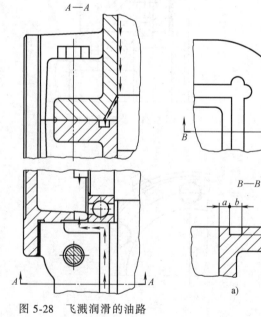

图 5-28　飞溅润滑的油路

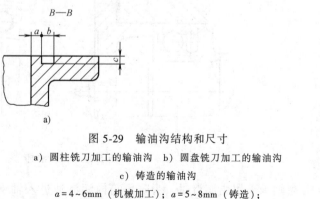

图 5-29　输油沟结构和尺寸
a）圆柱铣刀加工的输油沟　b）圆盘铣刀加工的输油沟
c）铸造的输油沟
$a=4\sim6$mm（机械加工）；$a=5\sim8$mm（铸造）；
$b=6\sim8$mm；$c=3\sim5$mm

笔记

轴承采用油润滑，当小齿轮布置在轴承近旁，而且小齿轮直径小于轴承座孔直径时，为防止齿轮啮合过程中挤出的润滑油大量进入轴承，或直接冲击轴承，应在小齿轮与轴承之间装挡油盘，如图5-30所示。图5-30a所示的挡油盘为冲压件，适用于成批生产，课程设计时尺寸选择的原则是：挡油盘的厚度为2~3mm，直径等于或略小于轴承外径。图5-30b所示的挡油盘由车削加工制成，适用于单件或小批量生产，尺寸选择原则与前者相同，厚度一般取3~5mm。

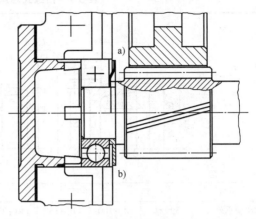

图 5-30　挡油盘

油浴润滑：下置式蜗杆的轴承，由于轴承位置较低，可以利用箱体内油池中的润滑油直接浸浴轴承进行润滑，但油面不应高于轴承最低滚动体的中心线，以免搅油损失过大引起轴承发热，如图5-21c所示。

3. 支承结构设计

一般中、小型减速器均采用滚动轴承作支承。设计轴承的支承结构时，主要确定轴承的周向和轴向的定位，要便于装拆、调整，具有良好的润滑与密封等。

（1）轴承端盖　轴承端盖的功用是轴向固定轴承，承受轴系载荷，调整轴承间隙和实现轴承座孔处的密封等。轴承端盖的结构有凸缘式和嵌入式两种，每一种形式按是否有通孔，又可分为透盖和闷盖。轴承端盖的材料一般为铸铁（HT150）或铸钢（Q215或Q235）。

凸缘式轴承端盖（见图5-31）调整轴承间隙比较方便，密封性能好，故得到广泛的应用，但需用螺栓将其与箱体相联，故结构复杂。凸缘式轴承端盖结构尺寸见表5-7。

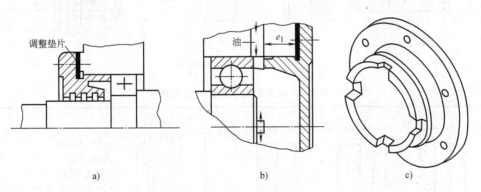

图 5-31　凸缘式轴承端盖

嵌入式轴承端盖轴向结构紧凑，无需用螺栓联接，与O形密封圈配合使用可提高其密封效果，但调整轴承间隙时，需打开箱盖增减调整垫片，或者采用调整螺钉调整轴承间隙，故比较麻烦。嵌入式轴承端盖多用于要求重量轻、结构紧凑的场合，如图5-32所示。嵌入式轴承端盖结构参考尺寸见表5-8。

表 5-7　凸缘式轴承端盖的结构尺寸　　　　　　　　　（单位：mm）

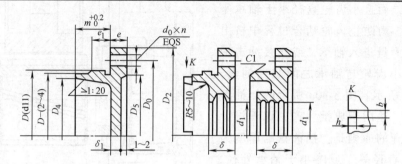

符号	尺寸关系				符号	尺寸关系
D（轴承外径）	$30 \sim 60$	$65 \sim 100$	$110 \sim 130$	$140 \sim 230$	D_5	$D_0 - (2.5 \sim 3) d_3$
d_3（螺钉直径）	6	8	10	$12 \sim 16$	e	$1.2 d_3$
n（螺钉数）	4	4	6	6	e_1	$(0.1 \sim 0.15) D\,(e_1 \geqslant e)$
d_0	$d_3 + (1 \sim 2)$				m	$(0.1 \sim 0.15) D$ 或由结构确定
D_0	无套杯时：$D_0 = D + 2.5 d_3$				δ	见表 5-10 相关尺寸
	有套杯时：$D_0 = D + 2.5 d_3 + 2 S_2$				b	$8 \sim 10$
	套杯厚度：$S_2 = 7 \sim 12$				h	$(0.8 \sim 1) b$
$D_2 (D_1)$	$D_0 + (2.5 \sim 3) d_3$				透盖密封槽	见表 5-10 ~ 表 5-12
D_4	$(0.85 \sim 0.9) D$				的结构尺寸(δ)	

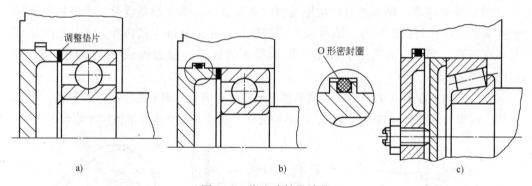

a)　　　　　　　　　　　　　　　b)　　　　　　　　　　　　　　　c)

图 5-32　嵌入式轴承端盖

表 5-8　嵌入式轴承端盖的结构尺寸

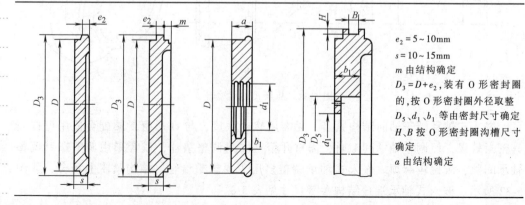

$e_2 = 5 \sim 10\text{mm}$

$s = 10 \sim 15\text{mm}$

m 由结构确定

$D_3 = D + e_2$，装有 O 形密封圈的，按 O 形密封圈外径取整

D_5、d_1、b_1 等由密封尺寸确定

H、B 按 O 形密封圈沟槽尺寸确定

a 由结构确定

笔记

用凸缘式轴承端盖时，若齿轮传动中心距太小，致使主、从动轴的轴承盖相重叠（见图5-33），可将两轴承端盖重叠的部分切掉，但应注意，也不可切得过多，应使轴承端盖螺钉的中心至切边的距离 l_c 大于螺钉直径 d_3。

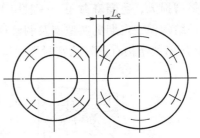

图 5-33　切边的轴承端盖

轴承端盖结构设计时应注意：

1）凸缘式轴承端盖与孔配合处较长时，为了减少接触面，应在端部铸出或车制出一段较小的直径，使配合长度为 e_1（见表5-7），但 e_1 的长度也不应太短，以免拧紧螺钉时端盖歪斜，一般取 $e_1 = (0.1 \sim 0.15)D$，D 为轴承外径。

2）当轴承采用箱体内的润滑油飞溅润滑时，为使润滑油由油沟流入轴承，应在轴承端盖的端部加工出四个缺口，还应在其端部车出一段较小的直径，以便让油流入缺口或先流入环状间隙经缺口再进入轴承腔内，如图5-31b、c所示，缺口尺寸 b、h 见表5-7。

3）轴承端盖毛坯为铸件时，应注意铸造工艺性，如应有合适的起模斜度和铸造圆角，各部分厚度应均匀等。

（2）调整垫片组　调整垫片可用来调整轴承间隙或游隙以及轴的位置。垫片组由多片厚度不同的垫片组成，使用时可根据调整需要组成不同的厚度。垫片的厚度及片数见表5-9，也可自行设计。垫片材料多为软钢片（如08F）或薄铜片。

表 5-9　调整垫片组

组别	A 组			B 组			C 组		
厚度 δ/mm	0.5	0.2	0.1	0.5	0.15	0.1	0.5	0.15	0.12
片数 z	3	4	2	1	4	4	1	3	3

注：1. 材料：冲压铜片或08F钢片抛光。
　　2. 凸缘式轴承端盖用的调整垫片：
　　　 $d_2 = D + (2 \sim 4)$ mm，D—轴承外径。
　　　 D_0、D_2、n 和 d_0 由轴承端盖结构定，见表5-7。
　　3. 嵌入式轴承端盖用的调整垫片 $D_2 = D - 1$ mm，d_2 按轴承外圈的安装尺寸决定。
　　4. 建议准备 0.05mm 厚度的垫片若干，以备调整微量间隙用。

（3）轴承密封　对于有轴穿过的轴承盖，在轴承端盖和轴之间应设计密封件，以防止润滑剂外漏以及外界灰尘和水分等杂质的渗入。密封装置分为接触式和非接触式两种，常见的密封结构有以下几种：

1）接触式密封。

① 毡圈密封：将矩形截面的毡圈压入轴承端盖的梯形槽中，使之产生对轴的压紧作用，实现密封，如图5-34所示。其特点是结构简单、价廉、安装方便，但接触面的

摩擦磨损大，毡圈寿命短，一般用于轴颈圆周速度 $v=5\mathrm{m/s}$ 的脂润滑轴承。图 5-34b 所示的结构便于定期更换毡圈及调整径向密封力，以保证密封性及延长使用寿命；图 5-34c 所示的结构有更好的密封性和调整能力。

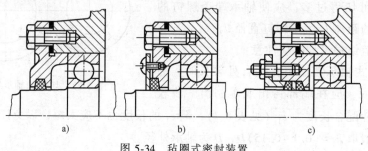

图 5-34　毡圈式密封装置

毡圈和槽的尺寸见表 5-10。

表 5-10　毡圈密封形式和尺寸（JB/ZQ 4606—1997）　　（单位：mm）

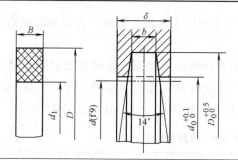

标记示例：

$d=50\mathrm{mm}$ 的毡圈油封：
毡圈 50 JB/ZQ 4606-1997

轴径 d	毡圈				槽				
	D	d_1	B	重量/kg	D_0	d_0	b	δ_{min}	
								用于钢	用于铸铁
15	29	14	6	0.0010	28	16	5	10	12
20	33	19		0.0012	32	21			
25	39	24	7	0.0018	38	26	6		
30	45	29		0.0023	44	31			
35	49	34		0.0023	48	36			
40	53	39		0.0026	52	41			
45	61	44		0.0040	60	46		12	15
50	69	49		0.0054	68	51			
55	74	53		0.0060	72	56			
60	80	58	8	0.0069	78	61	7		
65	84	63		0.0070	82	66			
70	90	68		0.0079	88	71			
75	94	73		0.0080	92	77			
80	102	78	9	0.011	100	82	8	15	18

②O 形橡胶密封圈密封：利用安装沟槽使密封圈受到预压缩而密封，在介质压力作用下产生自紧作用而增强密封效果。O 形橡胶密封圈有双向密封的能力，其密封结构简单，多用于静密封，如图 5-35 所示。O 形橡胶密封圈的尺寸可查 GB/T 3452.1—2005。

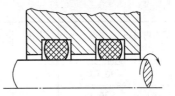

图 5-35　O 形橡胶密封圈

③唇形橡胶密封圈密封：其组件由唇形耐油橡胶圈和弹簧丝圈组成，利用弹簧圈将唇形部分紧压在轴上，由于唇部密封接触面宽度很窄（0.13~0.5mm），回弹力很大，又有弹簧箍紧，使唇部对轴具有较好的追随补偿作用，因此能以较小的唇口径向力获得良好的密封效果，如图 5-36 所示。

设计时密封唇方向应朝向密封方向。为了封油，密封唇朝向轴承一侧，如图 5-36a 所示；为防止外界灰尘、杂质渗入，应使密封唇背向轴承，如图 5-36b 所示；双向密封时，可使两个橡胶油封反向安装，如图 5-36c 所示。

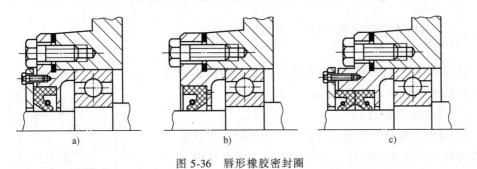

a)　　　　　　　　　　b)　　　　　　　　　　c)

图 5-36　唇形橡胶密封圈

唇形橡胶密封圈密封性能好，工作可靠，寿命长，可用于油润滑或脂润滑的轴承处，允许轴颈圆周速度 $v<8m/s$。唇形密封圈的密封结构和尺寸见表 5-11。

表 5-11　内含骨架旋转轴唇形密封圈（GB/T 13871—2007）　（单位：mm）

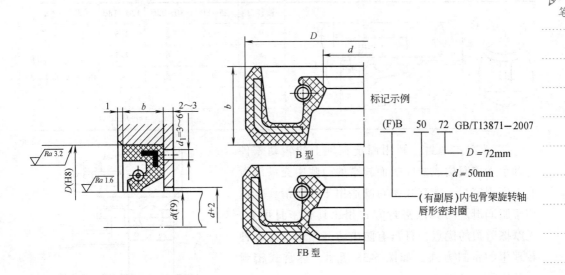

笔记

（续）

基本内径 d	外径 D	宽度 b	基本内径 d	外径 D	宽度 b	基本内径 d	外径 D	宽度 b
16	30,(35)		38	55,58,62		75	95,100	10
18	30,35		40	55,(60),62		80	100,110	
20	35,40		42	55,62		85	110,120	
22	35,40,47		45	62,65	8	90	(115),120	
25	40,47,52	7	50	68,(70),72		95	120	12
28	40,47,52		55	72,(75),80		100	125	
30	42,47,(50),52		60	80,85		(105)	130	
32	45,47,52		65	85,90	10	110	140	
35	50,52,55	8	70	90,95		120	150	

注：1. 括弧内尺寸尽量不采用。

2. 为便于拆卸密封圈，在壳体上应有 d_1 孔 3~4 个。

3. B 型为单唇，FB 型为双唇。

毡圈密封和唇形橡胶密封圈密封，要求与其接触处轴的表面粗糙度 Ra 值≤1.6μm。

2）非接触式密封。

① 油沟式密封：利用轴与轴承盖之间的油沟和微小间隙充满润滑脂实现密封，其结构简单，主要适用于脂润滑，但密封不够可靠，且轴承工作温度不能高于润滑脂的熔化温度，如图 5-37 所示。油沟式密封的结构尺寸见表 5-12。

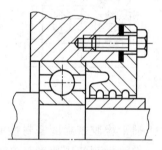

图 5-37 油沟式密封

表 5-12 油沟式密封槽（JB/ZQ 4245—2006） （单位：mm）

轴径 d	25~80	80~120	120~180	油沟数 n
R	1.5	2	2.5	
t	4.5	6	7.5	2~4 个（使用最多的是 3 个）
b	4	5	6	
d_1		$d+1$		
a_{min}		$a_{min}=nt+R$		

② 迷宫式密封：利用固定在轴上的转动零件与轴承端盖间构成的曲折而狭窄的缝隙中充满润滑脂来实现密封。迷宫式密封既适用于油润滑，也适用于脂润滑。与其他密封方式相比具有密封可靠，无摩擦磨损的优点，且具有防尘防漏作用，是一种较理想的密封方式，如图 5-38 所示。迷宫式密封的结构尺寸见表 5-13。

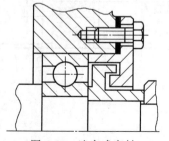

图 5-38 迷宫式密封

表 5-13　迷宫式密封　　　　　　　　　　　（单位：mm）

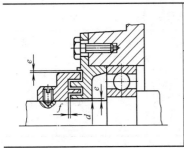

轴径 d	10~50	50~80	80~110	110~180
e	0.2	0.3	0.4	0.5
f	1	1.5	2	2.5

　　非接触式密封方式一般不受轴表面圆周速度的限制，但多用于速度较高的场合。

　　4. 减速器附件设计（有时为节省时间，这一部分内容也可放到第三阶段进行）

　　减速器的各种附件已在前面做了介绍，箱体设计时应合理选择和设计这些附件的结构和尺寸，并且设置在箱体的合适位置。

　　（1）检查孔和检查孔盖　检查孔应设在箱盖顶部能够看到啮合区的位置，其大小以手能深入箱体进行检查操作为宜。检查孔和检查孔盖联接处应设计凸台以便于加工，检查孔盖用螺钉紧固在凸台上。检查孔盖可用轧制钢板或铸铁制成，它和箱体联接处应加纸质密封垫片，以防止漏油。轧制钢板制检查孔盖，如图 5-39a 所示，其结构简单轻便，上下面无需加工，单件生产和成批生产均常采用；铸铁制检查孔盖，如图 5-39b 所示，需制木模，且有较多部位需进行机械加工，故应用较少。

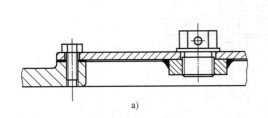
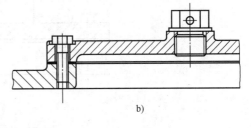

　　　　　　　　a)　　　　　　　　　　　　　　　　　　b)

图 5-39　检查孔盖

a）钢板制　b）铸铁制

检查孔盖的结构和尺寸可参考表 5-14，也可自行设计。

表 5-14　检查孔盖的尺寸　　　　　　　　　（单位：mm）

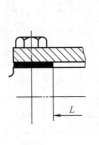
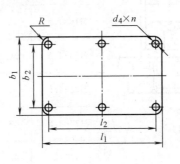

（续）

减速器中心距 a	检查孔尺寸				检查孔尺寸				
	b	L	b_1	l_1	b_2	l_2	R	孔径 d_4	孔数
100~150	50~60	90~110	80~90	120~140	$1/2(b+b_1)$	$1/2(L+l_1)$	5	6.5 9	4 6
150~250	60~75	110~130	90~105	140~160					
250~400	75~110	130~180	105~140	160~210					

注：1. 二级减速器 a 按总中心距并取偏大值。

　　2. 检查孔盖用钢板制作时，厚度取 6mm，材料 Q235。

　　3. b 为检查孔宽度，L 为检查孔长度。

（2）通气器　通气器多安装在检查孔盖或箱盖上。安装在钢板制检查孔盖上时，用一个扁螺母固定，为防止螺母松脱落到箱内，将螺母焊在检查孔盖上，如图 5-39a 所示。这种形式简单，应用广泛。安装在铸造检查孔盖或箱盖上时，要在铸件上加工螺纹孔和凸台平面，如图 5-39b 所示。通气器的结构和尺寸见图 5-40 及表 5-15。

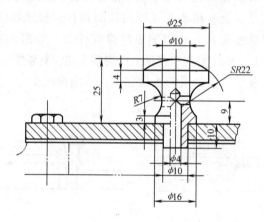

图 5-40　通气器

表 5-15　通气器　　　　　　　　　　（单位：mm）

注：S—螺母扳手宽度

通气器 1

d	D	D_1	S	L	l	a	d_1
M12×1.25	18	16.5	14	19	10	2	4
M16×1.5	22	19.6	17	23	12	2	5
M20×1.5	30	25.4	22	28	15	4	6
M22×1.5	32	25.4	22	29	15	4	7
M27×1.5	38	31.2	27	34	18	4	8
M30×2	42	36.9	32	36	18	4	8

（续）

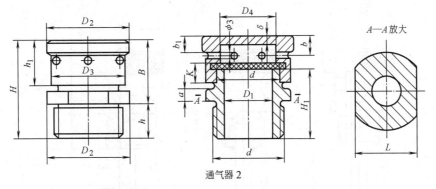

通气器 2

d	D_1	B	h	H	D_2	H_1	a	δ	K	b	h_1	b_1	D_3	D_4	L	孔数
M27×1.5	15	30	15	45	36	32	6	4	10	8	22	6	32	18	32	6
M36×2	20	40	20	60	48	42	8	4	12	11	29	8	42	24	41	6
M48×3	30	45	25	70	62	52	10	5	15	13	32	10	56	36	55	8

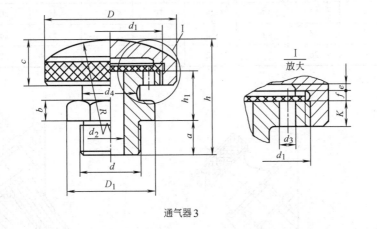

通气器 3

d	d_1	d_2	d_3	d_4	D	h	a	b	c	h_1	R	D_1	K	e	f
M18×1.5	M33×1.5	8	3	16	40	40	12	7	16	18	40	25.4	6	2	2
M27×1.5	M48×1.5	12	4.5	24	60	54	15	10	22	24	60	36.9	7	2	2
M36×1.5	M64×1.5	20	6	30	80	70	20	13	28	32	80	53.1	10	3	3

（3）油标装置　油标装置用于显示箱体内的油面高度。常用油标有油标尺、圆形油标、长形油标等。

油标尺：结构简单，在减速器中应用广泛。为便于加工和节省材料，油标尺的手柄和尺杆常用两个元件铆接或焊接在一起，见表 5-16。油标尺在减速器上安装，可采用螺纹联接，也可采用 H9/h8 配合装入。检查油面高度时拔出油标尺，以杆上的油痕判断油面高度。油标尺上两条刻度线的位置，分别对应最高和最低油面，如图 5-41 所示。如果需要在运转过程中检查油面高度，为避免因油搅动影响检查效果，可在油标尺外装隔离套，如图 5-42 所示。

笔记

表 5-16　油标尺　　　　　　　　　　　　（单位：mm）

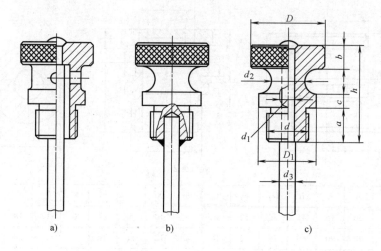

a)　　　　　　　　　b)　　　　　　　　　c)

d	d_1	d_2	d_3	h	a	b	c	D	D_1
M12	4	12	6	28	10	6	4	20	16
M16	4	16	6	35	12	8	5	26	22
M20	6	20	8	42	15	10	6	32	26

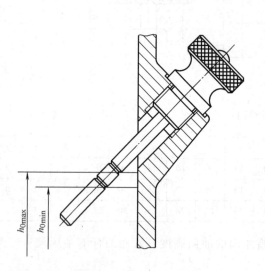

图 5-41　油标尺的刻线

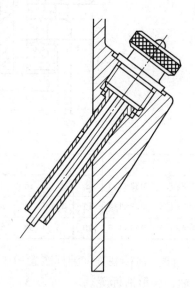

图 5-42　带隔离套的油标尺

　　油标尺多安装在箱体侧面，设计时应合理确定油标尺插孔的位置及倾斜角度，既要避免箱体内的润滑油溢出，又要便于油标尺的插取和油标尺插孔的加工，如图 5-43 所示。

　　圆形及长形油标：油标尺为间接检查式油标。圆形、长形油标为直接观察式油标，可随时观察油面的高度，其结构和尺寸见表 5-17、表 5-18。圆形及长形油标安装位置

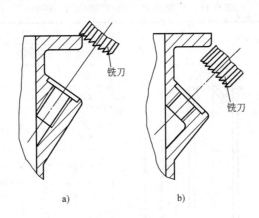

图 5-43　箱座油标尺座孔的倾斜位置

a）不正确　b）正确

不受限制，当箱座高度较小时，宜选用圆形油标。

（4）放油孔和螺塞　为了将箱体内的油污排放干净，应在油池的最低位置处设置放油孔，如图 5-44 所示。并安置在减速器不与其他部件靠近的一侧，以便于放油。

表 5-17　压配式圆形油标（JB/T 7941.1—1995）　　　（单位：mm）

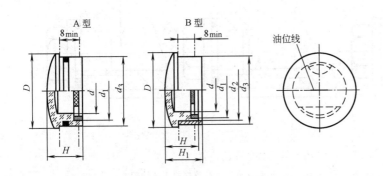

标注示例：

检查孔 $d=32$mm，A 型压配式圆形油标的标记：

油标　A　32　JB/T 7941.1—1995

d	D	d_1		d_2		d_3		H	H_1	O 形橡胶密封圈（GB/T 3452.1—2005）
		公称尺寸	极限偏差	公称尺寸	极限偏差	公称尺寸	极限偏差			
12	22	12	-0.050 -0.160	17	-0.050 -0.160	20	-0.065 -0.195	14	16	15×2.65
16	27	18		22	-0.065 -0.195	25				20×2.65
20	34	22	-0.065 -0.195	28		32	-0.080 -0.240	16	18	25×3.55
25	40	28		34	-0.080 -0.240	38				31.5×3.55
32	48	35	-0.080 -0.240	41		45		18	20	38.7×3.55
40	58	45		51		55				48.7×3.55
50	70	55	-0.100 -0.290	61	-0.100 -0.290	65	-0.100 -0.290	22	24	—
63	85	70		76		80				

53

表 5-18　长形油标（JB/T 7941.3—1995）　　　　　（单位：mm）

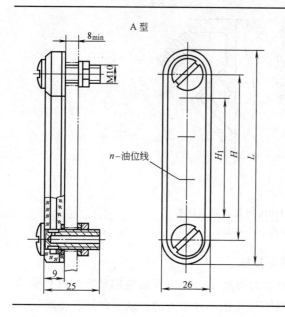

H		H_1	L	n
公称尺寸	极限偏差			（条数）
80	±0.17	40	110	2
100		60	130	3
125	±0.20	80	155	4
160		120	190	6

O 形橡胶密封圈 （GB/T 3452.1— 2005）	六角薄螺母 （GB/T 6172— 2016）	弹性垫圈 （GB/T 93— 1987）
10×2.65	M10	10

标注示例：

$H = 80$mm，A 型长形油标的标记：

油标　A 80　JB/T 7941.3—1995

A 型

n－油位线

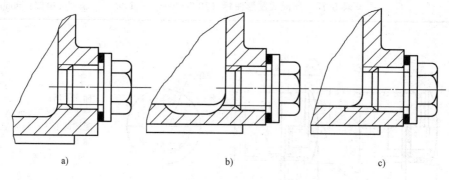

a)　　　　　　　　　　b)　　　　　　　　　　c)

图 5-44　放油孔的位置

a）不正确　b）正确　c）正确（有半边孔攻螺纹工艺性较差）

平时放油孔用螺塞堵住，并配有封油垫圈。螺塞及封油垫圈的结构尺寸见表 5-19。

表 5-19　螺塞及封油垫圈（JB/ZQ 4450—2006）　　　　　（单位：mm）

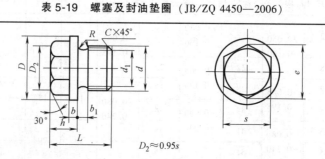

$D_2 \approx 0.95s$

标记示例：

d 为 M12×1.25 的外六角螺塞：

螺塞　M12×1.25　JB/ZQ 4450—2006

笔 记

（续）

d	d_1	D	e	s		L	h	b	b_1	R	C	质量/kg
				公称尺寸	极限偏差							
M12×1.25	10.2	22	15	13	0 −0.24	24	12	3	3		1.0	0.032
M20×1.5	17.8	30	24.2	21	0	30	15			1		0.090
M24×2	21	34	31.2	27	−0.28	32	16	4	4		1.5	0.145
M30×2	27	42	39.3	34	0 −0.34	38	18					0.252

注：1. 螺塞材料：Q235。

　　2. 封油垫圈材料：耐油橡胶、工业用革、石棉橡胶纸。

（5）启盖螺钉　为便于开启箱盖，可在箱盖凸缘上设置1~2个启盖螺钉。拆卸箱盖时，拧动启盖螺钉，利用相对运动的原理抬起箱盖。启盖螺钉的直径一般等于凸缘联接螺栓直径，螺纹有效长度要大于凸缘厚度。钉杆端部要做成圆形并光滑倒角或制成半球形，以免损坏螺纹，如图5-45a所示；也可在箱座凸缘上制出启盖用螺纹孔，螺纹孔直径等于凸缘联接螺

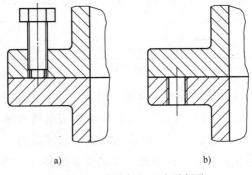

图 5-45　启盖螺钉和启盖螺孔

栓直径，这样必要时可用凸缘联接螺栓旋入启盖螺纹孔顶起箱盖，如图5-45b所示。

（6）定位销　为了保证箱体轴承座孔的镗孔精度和装配精度，需在上下箱体联接凸缘长度方向的两端安置两个定位销，一般为对角布置，以提高定位精度。定位销的位置还应考虑到钻、铰孔的方便，且不应妨碍附近联接螺栓的装拆。

定位销有圆锥形和圆柱形两种结构。为保证重复拆装时定位销与销孔的紧密性和便于定位销拆卸，应采用圆锥销。一般定位销直径 $d=(0.7\sim0.8)d_2$，d_2 为上下箱凸缘联接处螺栓直径。其长度应大于上下箱联接凸缘的总厚度，并且装配后上、下两端应具有一定长度的外伸量，以便装拆，如图5-46所示。圆锥销的结构和尺寸见表5-20。

笔记

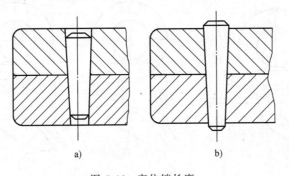

图 5-46　定位销长度

a）不正确　b）正确

表 5-20　圆锥销（GB/T 117—2000）　　　　　　　　（单位：mm）

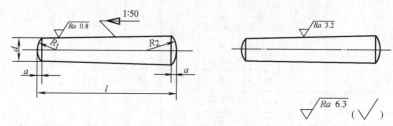

标注示例：公称直径 $d=10$mm，长度 $l=60$mm 的 A 型圆锥销的标记为：销 A　10×60　GB/T 117—2000

	公称	5	6	8	10	12	16	20
d	min	4.95	5.95	7.94	9.94	11.93	15.93	19.92
	max	5	6	8	10	12	16	20
$a\approx$		0.63	0.8	1	1.2	1.6	2	2.5
l		18~60	22~90	22~120	26~160	32~180	40~200	45~200

长度尺寸系列：18,20,22,24,26,28,30,32,35,40,45,50,55,60,65,70,75,80,85,90,95,100

注：$R_1\approx d$；$R_2\approx d+(l-2a)/50$。

（7）起吊装置　为便于搬运，通常在箱盖和箱座上设置起吊装置。起吊装置可以采用吊环螺钉，也可以直接在箱体表面铸造吊耳或吊钩。

吊环螺钉常用于吊运箱盖或小型减速器，设计时可按起吊重量（中、小型减速器的毛重见表 5-21）选择。箱盖安装吊环螺钉处应设置凸台，以使吊环螺钉有足够的深度。加工螺孔时，应避免钻头半边切削的行程过长，以免钻头折断，如图 5-47 所示。吊环螺钉的结构与尺寸见表 5-22。

表 5-21　减速器的毛重

一级圆柱齿轮减速器(a—中心距)					二级圆柱齿轮减速器					
a/mm	100	150	200	250	300	a/mm	100×150	150×200	175×250	200×300	250×350	250×400
W/kg	32	85	155	260	350	W/kg	135	230	305	490	425	980
锥齿轮减速器(R—锥距)					蜗杆减速器					
R/mm	100	150	200	250	300	a/mm	100	120	150	180	210	250
W/kg	50	60	100	190	290	W/kg	65	80	160	330	350	540

笔 记

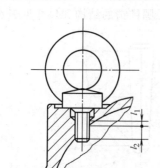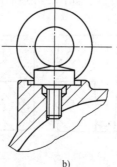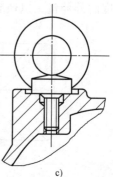

a)　　　　　　　　b)　　　　　　　　c)

图 5-47　吊环螺钉螺孔尾部的结构

a）不正确（l_1 过短）　b）可用　c）正确

表 5-22　吊环螺钉（GB/T 825—1988）

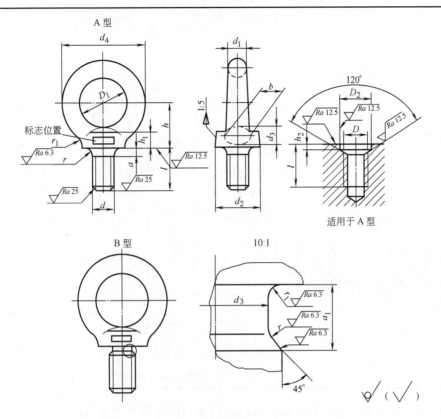

标注示例：
规格为 20mm,材料为 20 钢,经正火处理,不经表面处理的 A 型吊环螺钉：
螺钉 GB/T 825—1988 M20

规格(d)(D)		M8	M10	M12	M16	M20	M24	M30
d_1/mm		9.1	11.1	13.1	15.2	17.4	21.4	25.7
D_1/mm		20	24	28	34	40	48	56
d_2/mm		21.1	25.1	29.1	35.2	41.4	49.4	57.7
l/mm		16	20	22	28	35	40	45
d_4(参考)/mm		36	44	52	62	72	88	104
h/mm		18	22	26	31	36	44	53
h_1 /mm	max	7	9	11	13	15.1	19.1	23.2
	min	5.6	7.6	9.6	11.6	13.5	17.5	21.4
r/mm		1				2		
a_1/mm		3.75	4.5	5.25	6	7.5	9	10.5
d_3/mm		6	7.7	9.4	13	16.4	19.6	25
a/mm		2.5	3	3.5	4	5	6	7
b/mm		10	12	14	16	19	24	28
D_2/mm		13	15	17	22	28	32	38
h_2/mm		2.5	3	3.5	4.5	5	7	8
重量/kg		0.041	0.078	0.132	0.234	0.385	0.705	1.205

笔 记

（续）

规格 d		M8	M10	M12	M16	M20	M24	M30
最大起吊重量／t（平稳起吊）	单螺钉起吊 max	0.16	0.25	0.4	0.63	1	1.6	2.5
	双螺钉起吊 40° max	0.08	0.125	0.2	0.32	0.5	0.8	1.25
技术条件		材料:20 或 25 钢;螺纹公差:8g;热处理:整体铸造,正火处理;表面处理:①不处理②镀锌钝化③镀铬						

对于重量较大的箱盖或减速器，可以直接在箱体表面铸造吊钩或吊耳，其结构形状和尺寸如图5-48所示。箱座吊钩在两端凸缘的下面，是用来吊运整台减速器或箱座零件的，其宽度一般与箱壁外凸缘宽度相等，如图5-48所示。

笔记

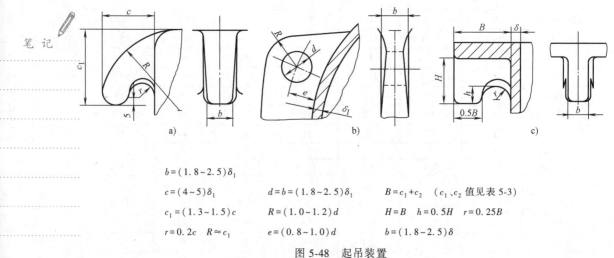

$$b = (1.8 \sim 2.5)\delta_1$$

$$c = (4 \sim 5)\delta_1 \qquad d = b = (1.8 \sim 2.5)\delta_1 \qquad B = c_1 + c_2 \quad (c_1 \text{、} c_2 \text{值见表5-3})$$

$$c_1 = (1.3 \sim 1.5)c \qquad R = (1.0 \sim 1.2)d \qquad H = B \quad h = 0.5H \quad r = 0.25B$$

$$r = 0.2c \quad R \approx c_1 \qquad e = (0.8 \sim 1.0)d \qquad b = (1.8 \sim 2.5)\delta$$

图 5-48 起吊装置

a) 箱盖上的吊钩 b) 箱盖上的吊耳 c) 箱座上的吊钩

（8）油杯 当轴承采用脂润滑时，为加注润滑脂方便，在轴承座相应部位应设置油杯，其结构如图5-24、图5-25所示，尺寸见表5-23、表5-24。

表 5-23　直通式压注油杯（JB/T 7940.1—1995）

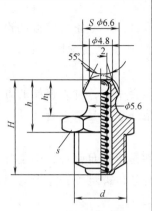

d	H	h	h_1	尺寸/mm		钢球 按（GB/T 308 —2002)
				s		
				公称尺寸	极限偏差	
M6	13	8	6	8		3
M8×1	16	9	6.5	10	$\begin{matrix}0\\-0.22\end{matrix}$	
M10×1	18	10	7	11		

标注示例:联接螺纹 M10mm×1mm,直通式压注油杯的标注:
油杯 M10×1　JB/T 7940.1—1995

表 5-24　旋盖式油杯 （JB/T 7940.3—1995）

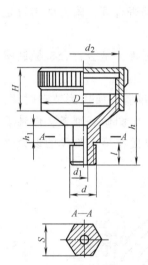

最小容量 cm³	d/mm	l /mm	H /mm	h /mm	h_1 /mm	d_1 /mm	D/mm		L (max) /mm	S/mm	
							A 型	B 型		公称尺寸	极限偏差
1.5	M8×1	8	14	22	7	3	16	18	33	10	$\begin{matrix}0\\-0.22\end{matrix}$
3	M10×1		15	23	8	4	20	22	35	13	
6			17	26			26	28	40		
12	M14×1.5		20	30			32	34	47	18	$\begin{matrix}0\\-0.27\end{matrix}$
18			22	32			36	40	50		
25		12	24	34	10	5	41	44	55		
50	M16×1.5		30	44			51	54	70	21	$\begin{matrix}0\\-0.33\end{matrix}$
100			38	52			68	68	85		
200	M24×1.5	16	48		16	6	—	86	105	30	

标注示例:最小容量 25cm³,AX 型旋盖式压注油杯的标注:
油杯 A25　JB/T 7940.3—1995

（9）平键联接　齿轮和轴的联接用普通平键,具体的结构和尺寸见教材上有关内容。

另外,在绘制俯视图中齿轮啮合状态时,要注意齿轮啮合处的正确画法,齿轮啮合处的剖视正确画法是主动轮压从动轮,要画清五条线:三条实线、一条虚线、一条中心线。三条实线是主动轮的齿顶线、齿根线和从动轮的齿根线;一

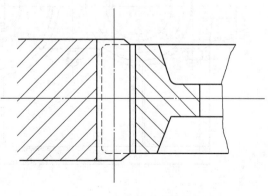

图 5-49　齿轮啮合画法

条虚线是从动轮的齿顶线；一条中心线是相重合的分度圆中心线。如图5-49所示。有关齿轮的结构及各部分的尺寸见教材有关内容。

设计完以上各个零（部）件后就基本完成了第二阶段的设计。完成第二阶段的设计后，应认真检查核对、修改、完善，然后才能进行第三阶段（正式装配图）设计。检查的主要内容如下：

（1）总体布置方面　检查装配草图与传动装置方案简图是否一致，轴外伸端的方位是否符合要求，轴外伸端的结构尺寸是否符合设计要求，箱外零件是否符合传动方案的要求。

（2）计算方面　检查传动件、轴、轴承及箱体等主要零件是否满足强度、刚度等要求，计算结果（如齿轮中心距、传动件与轴的尺寸、轴承型号与跨距等）是否与要求相符。

（3）轴系结构方面　检查传动零件、轴、轴承和轴上其他零件的结构是否合理，定位、固定、调整、装拆、润滑和密封是否合理。

（4）箱体和附件结构方面　检查箱体的结构和加工工艺是否合理，附件的布置是否恰当，结构是否合理。

（5）视图规范方面　检查视图选择是否合理，投影是否正确，是否符合机械制图国家标准的规定。

第二阶段（坐标纸图）的设计只是为第三阶段的设计作准备，所以为节省时间，有些细节部分可以不画，或简单画一部分，为第三阶段的详细画图做好准备，像轴承的画法、轴承端盖上的螺栓等就可简单画一下，掌握画法，以便在第三阶段的设计过程中画好图。第二阶段设计图如图5-50、图5-51所示。

笔记

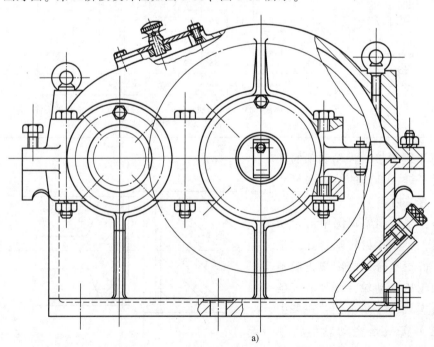

a)

图 5-50　单级圆柱齿轮减速器第二阶段设计图

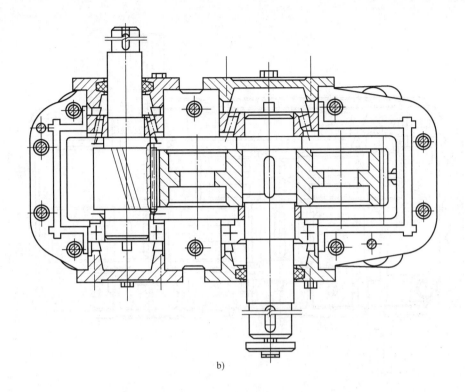

b)

图 5-50　单级圆柱齿轮减速器第二阶段设计图（续）

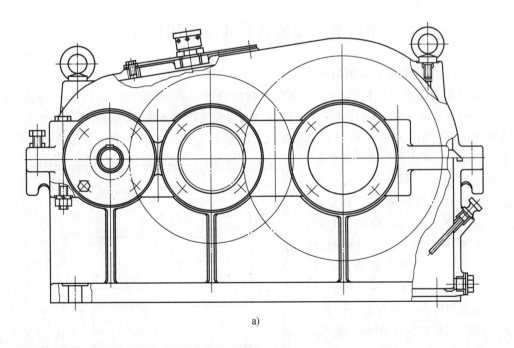

a)

图 5-51　二级圆柱齿轮减速器第二阶段设计图

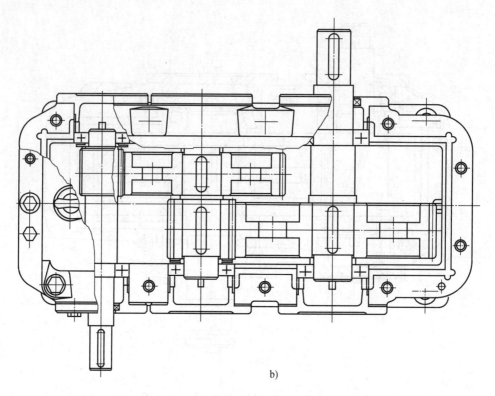

b)

图 5-51　二级圆柱齿轮减速器第二阶段设计图（续）

第四节　减速器正式装配图设计

1. 对减速器装配工作图的要求

减速器装配图第二阶段设计完成后经检查修改，就可进行第三阶段（正式装配图）的设计，第二阶段设计的结果是俯视图和主视图已基本完成，其俯视图的长与宽、主视图的高已基本确定，可以根据这些尺寸确定出左视图的高和宽。一般在 A0 图纸上，以 1∶1 或 1∶2 的比例尺绘制减速器装配工作图。图 5-52 所示为一般减速器装配图的布置形式，以三个视图（主视图、俯视图和左视图）为主，有时再辅以必要的剖视图和局部视图，要求全面、正确地反映出各零件的结构形式及各零件的相互装配关系，各视图之间的投影应正确、完整。线条粗细应符合制图标准，图面要达到清晰、整洁、美观的要求。

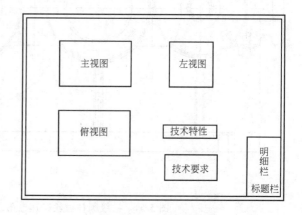

图 5-52　视图布置参考图

设计绘制正式装配图时应注意以下几点：

1）尽量将减速器的工作原理和主要装配关系集中表达在一个基本视图上，一般取俯视图。

2）装配图上尽量避免用虚线表示零件结构，必须表达的内部结构可采用局部剖视图或向视图表达。

3）全图上的零件不论大小其剖面线间距应一致，相邻不同零件的剖面线方向应不同，不同视图上的同一个零件的剖面线方向、间距应一致。

4）某些较薄（≤2mm）的零件，如轴承端盖处的调整垫片组、检查孔盖处的密封件等，其剖面尺寸较小，不用打剖面线，以涂黑表示即可（不剖视不应涂黑）。

5）螺栓、螺钉、滚动轴承等可以按机械制图中规定的投影关系绘制，也可用标准中规定的简化画法绘制，可由教师决定。

6）同一视图的多个配套零件，如螺栓、螺母等，允许只详细画一个，其余用中心线表示。但若全部画则整图的图面效果更好，可由教师确定。

7）输入轴、输出轴上的普通平键应表达清楚。

8）在视图底线画好后先不要加深，待尺寸、编号、明细表等全部内容完成并详细检查且画完零件图后，再加深完成装配图。

2. 减速器装配图内容

减速器装配图是表达减速器中各零、部件之间相互位置、结构形状和尺寸关系的图样，是下一步绘制零件工作图、进行机器组装、调试、维修的技术依据。因此，装配图的设计绘制是减速器设计过程中极为重要的阶段。

减速器装配图内容除结构视图外，还应包括标注必要的尺寸和配合关系；编注零、部件的序号；编制标题栏和明细栏；编制减速器的技术特性；编写技术要求等。

（1）标注尺寸和配合　在减速器装配图上应注明以下尺寸：

1）特性尺寸：表明减速器主要性能和规格的尺寸，是了解和选用减速器的依据，如传动零件的中心距及其偏差。

笔记

2）安装尺寸：表明减速器安装在机器上（或地基上）或与其他零件联接的尺寸，如箱体底面尺寸（长和宽），地脚螺孔直径和位置尺寸，减速器中心高，外伸轴的配合直径、长度及伸出距离等。

3）外形尺寸：表明机器或部件外形轮廓的尺寸，如减速器总长、总高、总宽等。它是包装、运输机器以及厂房设计和安装机器时需考虑的尺寸。

4）配合尺寸：表示减速器各零件之间的装配关系及相应配合方式的尺寸，例如减速器中各轴承和轴、轴承座孔的配合；齿轮和轴的配合等。装配图中主要零件配合处都应标注配合尺寸。

选择配合时，应优先采用基孔制，但滚动轴承例外。轴承外圈与孔的配合选用基轴制，内圈与轴的配合仍为基孔制，轴承配合的标注方法也与其他零件不同，只需标出与轴承相配合的箱座孔和轴颈公差带符号即可，如 $\phi120H7$ 和 $\phi45k6$。

配合及精度的选择对于减速器的工作性能、加工工艺、制造成本等影响很大，应根据国家标准和设计资料认真选择确定。减速器主要零件推荐用配合见表5-25，供设计时参考。

　　标注尺寸时，尺寸线的布置应力求整齐、清晰，并尽可能集中标注在反映主要结构关系的视图上。多数尺寸应注在视图图形的外边，数值要书写工整清楚。

表 5-25　传动零件及联轴器轮毂与轴的配合

配合零件	荐用配合	适用特性	装拆方法
一般齿轮、蜗轮、带轮、联轴器与轴的配合	H7/r6	所受转矩及冲击载荷不大，大多数情况下不需要承受轴向载荷的附加装置	用压力机装配（零件不加热）
大、中型减速器内的低速轴齿轮（蜗轮）与轴的配合，并附加键联接；轮缘与轮芯的配合	H7/s6、H7/r6	受重载、冲击载荷及大的轴向力，使用期内需保持配合零件的相对位置	不论零件加热与否，都用压力机装配
要求对中良好的齿（蜗）轮传动，并附加键联接	H7/n6	受冲击、振动时能保证精确地对中；很少装拆相配的零件	用压力机或木质锤子装配
较常装拆的齿轮、联轴器与轴的配合，并附加键联接	H7/m6、H7/k6	较常拆卸相配的零件	
轴套、挡油环、溅油轮等与轴的配合	D11/k6、F9/k6 F9/m6、F8/H7	较常拆卸相配的零件，且工具难于达到	用木质锤子或徒手装配
滚动轴承内圈与轴的配合	轻载荷 js6、k6 正常载荷 k5、m5、m6	不常拆卸相配的零件	用压力机装配
滚动轴承外圈与箱体孔的配合	H7、J7、G7	较常拆卸相配的零件	用木质锤子或徒手装配
轴承套杯与箱体孔的配合	H7/h6、h7/js6	较常拆卸相配的零件	
轴承端盖与箱体孔（或套杯孔）的配合	H7/h8、H7/f6	较常拆卸相配的零件	
嵌入式轴承端盖与箱体孔的配合	H11/h11	配合较松	

笔记

　　（2）编写零件序号　为便于读图、装配和做好生产准备工作，装配图上所有零件都应标出序号。零部件编排序号的方法有两种，一种是标准件和非标准件混合一起编排；另一种是将非标准件编号填入明细栏内，而标准件直接在图上标注规格、数量和图标号或另外列专门的表格。对结构、尺寸、规格、材料都相同的零件只需标出一个序号，独立部件（轴承、油标等）可作为一个零件进行编号。

　　为使全图布置得美观整齐，指引线应尽可能分布均匀且不要彼此相交，指引线通过有剖面线的区域时，要尽量不与剖面线平行，必要时可画成折线，但只允许弯折一次，如图 5-53 所示。对于装配关系清楚的零件组，可以采用公共指引线，如图 5-54 所示。标注序号的横线要沿水平或垂直方向按顺时针方向或逆时针方向次序排列整齐。序号应注在图形

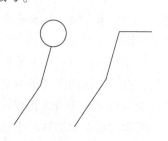

图 5-53　指引线

轮廓线的外边指引线端部的横线上，序号字体要比尺寸数值大一号或两号。

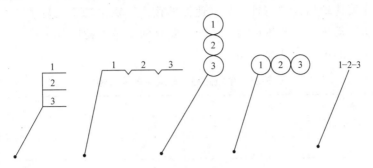

图 5-54　公共指引线

（3）编制标题栏和明细栏　明细栏是减速器所有零件、部件的详细目录。明细栏画在标题栏上方，外框为粗实线，内格为细实线。明细栏内应注明各零部件件的编号、名称、数量、材料、标准规格等。明细栏的书写是自下而上按顺序填写，对标准件需按规定标记书写，材料应注明牌号。假如填写地方不够，也可在标题栏的左侧再画一排。

课程设计所用的明细栏、标题栏格式如图 5-55、图 5-56 所示。

5	螺栓	6	Q235	GB/T 5780-2016 M24×30		7
4	轴	1	45			7
3	大齿轮	1	45			7
2	箱盖	1	HT 200			7
1	箱座	1	HT 200			7
序号	名　称	数量	材　料	标　准	备　注	10
10	40	10	20	40	20	
140						

图 5-55　装配图明细栏

<table>
<tr><td></td><td colspan="2"></td><td>20</td><td colspan="2"></td><td>30</td><td></td></tr>
<tr><td rowspan="3"></td><td colspan="2" rowspan="3">（装配图名称）</td><td rowspan="2">图　号</td><td colspan="2" rowspan="2"></td><td>第　张</td><td>7</td></tr>
<tr><td>共　张</td><td>7</td></tr>
<tr><td>比　例</td><td>数　量</td><td colspan="2"></td><td>7</td></tr>
<tr><td>7</td><td>设　计</td><td></td><td colspan="2" rowspan="4">机械零件课程设计</td><td colspan="2" rowspan="4">（校名、班号）</td><td></td></tr>
<tr><td>7</td><td>审　阅</td><td></td><td></td></tr>
<tr><td>7</td><td>成　绩</td><td></td><td></td></tr>
<tr><td>7</td><td>日　期</td><td></td><td></td></tr>
<tr><td></td><td>15</td><td>25</td><td colspan="2">50</td><td colspan="2">50</td><td></td></tr>
<tr><td></td><td colspan="6">140</td><td></td></tr>
</table>

图 5-56　装配图标题栏

笔　记

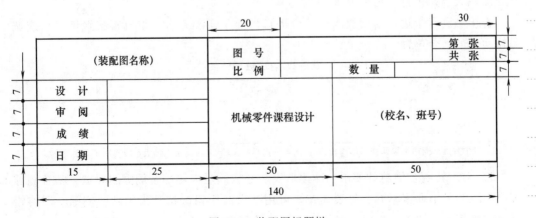

（4）编制减速器技术特性 装配图绘制完成后，应在装配图的适当位置上标注出减速器及其主要传动的技术特性，如减速器的输入、输出功率，转速，传动效率，总传动比，各级传动比，以及各传动零件的主要几何参数、精度等级等。单级圆柱齿轮减速器技术特性的示范表见表5-26。

表5-26 单级圆柱齿轮减速器技术特性

输入功率 /kW	输入转速 /r·min^{-1}	效率 η	传动比 i	传动特性			
				m_n	β	z_2/z_1	精度等级

（5）编写技术要求 在装配图上无法反映出有关装配、调整、检验及维修等方面的内容和要求时，可用技术条件表达在图样上。技术条件的内容依据设计要求决定，用文字书写在装配图的适当位置。一般减速器的技术条件，通常包括以下几方面内容：

1）清洗和涂漆的要求：减速器装配前所有零件均应清除铁屑并用煤油或汽油清洗干净。箱体内壁和齿轮（蜗轮）等未经加工切削的表面，应清除砂粒，并涂底漆和红色耐油漆。箱体内不允许有任何杂质，箱体外表面按主机配套要求涂漆。

2）对润滑剂的要求：主要指传动零件及轴承所用润滑剂的牌号、用量、补充和更换时间。选择润滑剂时应考虑传动类型、载荷性质及运转速度。齿轮减速器润滑油黏度按齿轮的圆周速度选取，$v \leqslant 2.5 m/s$ 时可选用中负荷工业齿轮油320，$v > 2.5 m/s$ 时可选用中负荷工业齿轮油220。此外，还可选用全损耗系统用油、气缸油等。润滑油应装至油面规定高度，即油标上限。换油时间取决于油中杂质多少及氧化、污染的程度，一般为半年左右。

3）对密封的要求：减速器所有联接面和密封处均不允许漏油。箱体剖分面允许涂密封胶或水玻璃，不允许使用任何垫片。

4）对齿轮传动接触斑点的要求：减速器安装必须保证齿轮传动所要求的齿面接触斑点，接触斑点由传动件精度等级确定，见表5-27。其检验方法是：在主动轮齿面上涂色，让主动轮回转2~3转后，观察从动轮齿面上的着色情况，分析接触区的位置及接触面积大小是否符合精度要求。

若接触斑点未达到精度要求时，应进行齿面刮研和跑合，以改善接触情况，或调整传动件的啮合位置。

表5-27 接 触 斑 点

精度等级	6~7	8~9
沿齿长方向	50%~70%	35%~65%
沿齿高方向	55%~75%	40%~70%

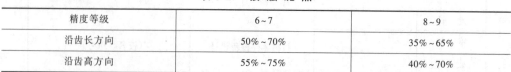

注：表中数值范围用于齿面修形的齿轮；对齿面不做修形的齿轮，其接触斑点的大小应不小于其平均值。

5）对齿轮啮合侧隙的要求：减速器安装还应满足齿轮啮合侧隙的要求，啮合侧隙按中心距的大小取值不同，见表5-28。可用塞尺或压铅法检测齿轮副的侧隙，即将铅丝放在齿槽内，转动齿轮将铅丝压扁，测得被压扁的铅丝厚度即为侧隙大小。

表 5-28　最小侧隙参考值

中心距/mm	≤80	80~125	125~180	180~250	250~315	315~400	400~500
较小侧隙/μm	74	87	100	115	130	140	155
中等侧隙/μm	120	140	160	185	210	230	250
较大侧隙/μm	190	220	250	290	320	360	400

注：中等侧隙所规定的最小侧隙，对于钢或铸铁齿轮传动，当齿轮和壳体温差为 25℃ 时，不会因发热而卡住。

对多级传动，当各级传动的侧隙和接触斑点要求不同时，应分别在技术条件中说明。

6）对安装调整的要求：滚动轴承工作过程中必须保证有一定的游隙。对可调游隙的轴承（如圆锥滚子轴承和角接触球轴承），应在技术条件中标出轴承游隙数值，其数值见表 5-29。对于两端固定的轴承，若采用不可调游隙的轴承（如深沟球轴承），则要注明轴承端盖与轴承外圈端面之间应保留的轴向间隙（一般为 0.25~0.4mm）。跨度尺寸越大，该间隙取值应越大，反之应取较小值。

表 5-29　角接触球轴承及圆锥滚子轴承的轴向游隙

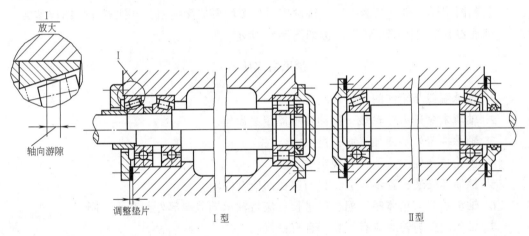

Ⅰ型　　Ⅱ型

轴承类型	轴承内径/mm		允许轴向游隙的范围/μm						Ⅱ型轴承间允许的最大距离（大概值）
			Ⅰ型		Ⅱ型		Ⅰ型		
			最小	最大	最小	最大	最小	最大	
	超过	到	接触角 α						
			α = 15°				α = 25°及 40°		
角接触球轴承	—	30	20	40	30	50	10	20	$8d$
	30	50	30	50	40	70	15	30	$7d$
	50	80	40	70	50	100	20	40	$6d$
	80	120	50	100	60	150	30	50	$5d$
			α = 10°~16°				α = 25°~29°		
圆锥滚子轴承	—	30	20	40	40	70	—	—	$14d$
	30	50	40	70	50	100	20	40	$12d$
	50	80	50	100	80	150	30	50	$11d$
	80	120	80	150	120	200	40	70	$10d$

7）对试验的要求：减速器装配好后应作空载试验，正反转各 1h，要求运转平稳、噪声小、联接固定处不得松动。作负载试验时，油池温升不得超过 35℃，轴承温升不得超过 40℃。

8）对外观、包装及运输的要求：外伸轴及其他零件需涂油并包装严密。减速器在包装箱内应固定牢靠。包装箱外应写明"不可倒置""防雨淋"等字样。

3. 检查装配工作图

完成装配图设计后，应对此阶段的设计再进行一次检查，其主要内容包括：

1）视图的数量是否足够，是否能清楚地表达减速器的结构和装配关系。

2）各零件的结构是否合理，加工、装拆、调整是否可能，维修、润滑是否方便。

3）尺寸标注是否足够、正确，配合和精度的选择是否适当，重要零件的位置及尺寸是否符合设计计算要求、是否与零件图一致，相关零件的尺寸是否符合标准。

4）零件编号是否齐全，有无遗漏或多余。

5）技术要求和技术特性是否完善、正确。

6）明细栏所列项目是否正确，标题栏格式、内容是否符合标准。

7）所有文字是否清晰，是否按制图标准写出。

装配图图样经检查及修改后，待画完零件图后再加深描粗，并注意保持图样整洁。减速器装配底图常见错误示例如图 5-57 所示。

常见错误摘列

1. 轴承端盖与箱体间缺少调整垫片。
2. 轴肩未缩进齿轮轮毂，挡油环不能压紧齿轮。
3. 轴承端盖外端面加工面积过大。
4. 齿轮啮合处画法不符合规定。
5. 挡油环安装位置不合适，且与座孔间应有间隙。
6. 轴承端盖与箱体座孔配合段过长，应将轴承端盖端部外圆车小一圈。
7. 轴承端盖与轴间应有间隙，且有密封。
8. 轴肩与轴承端盖相距太近，至使箱外旋转零件的装拆和运动受限。
9. 螺栓太长，无法自下向上装入。
10. 螺钉头与凸台接触处没有沉孔。
11. 轴承端盖固定螺钉不应在箱体接合面上。
12. 弹簧垫圈与凸台接触处没有沉孔。
13. 弹簧垫圈开口斜向画错。
14. 箱盖与检查孔盖板接触处没有凸起加工面。
15. 箱体外壁宽度误画成箱体内壁的宽度。
16. 没有铸造斜度。
17. 箱体接合面缺少实线。
18. 漏画轴端投影圆。
19. 销钉未露头，难于拆卸。

20. 油标尺无法装拆，插座孔也无法加工。

21. 油标尺过短，无法测量最低油面。

22. 油塞位置过高，油污排放不尽。

23. 箱座底缘宽度太小，不能满足地脚螺栓扳手空间的要求。

24. 箱体底面加工面积过大。

4. 减速器装配图示例

图 5-58 所示为单级圆柱齿轮减速器（油润滑结构）图，图 5-59、图 5-60 所示分别为单级圆柱齿轮减速器主视图、俯视图部位画法提示，图 5-61 所示为单级圆柱齿轮减速器（嵌入式轴承端盖结构）图，图 5-62 所示为二级圆柱齿轮减速器（一般箱体结构）图，图 5-63 所示为二级圆柱齿轮减速器（方形箱体结构）图。

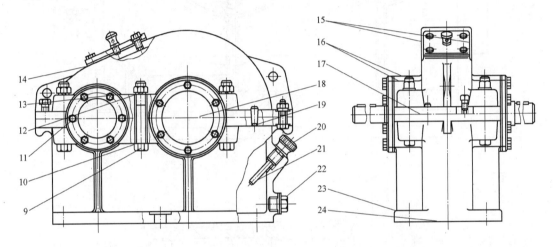

a)

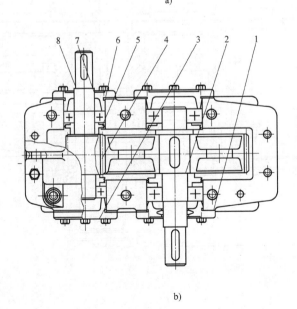

b)

图 5-57　单级圆柱齿轮减速器装配底图错误示例

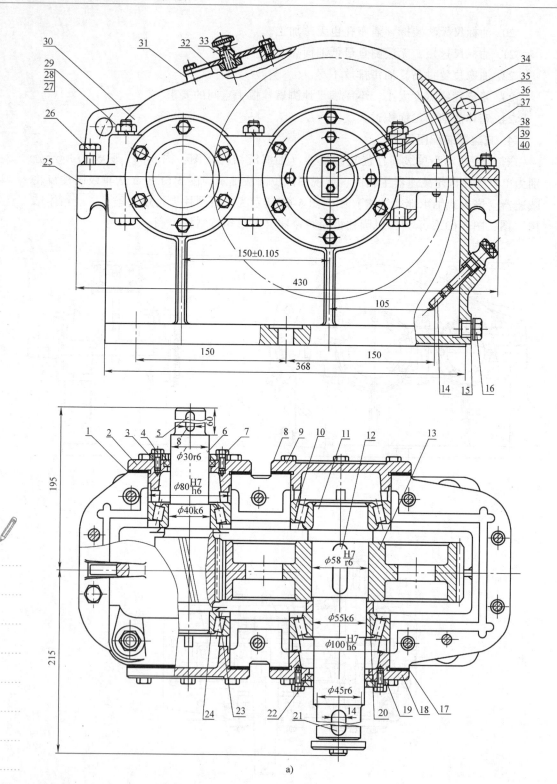

图 5-58 单级圆柱齿轮减速

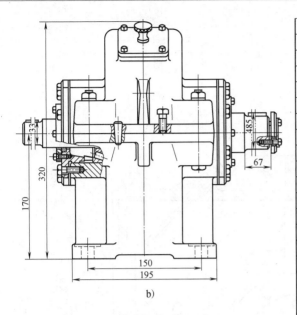

b)

技 术 特 性

输入功率/kW	输入转速/r·min⁻¹	效率 η	传动比 i
5	327	0.97	3.95

技 术 要 求

1. 装配之前，所有零件用煤油清洗，滚动轴承用汽油清洗。机体内不允许有任何杂物存在。内壁涂上不被机油侵蚀的涂料两次。

2. 啮合侧隙 C_n 之大小用铅丝来检验，保证侧隙不小于 0.14mm，所用铅丝不得大于最小侧隙 4 倍。

3. 用涂色法检验轮齿接触斑点，按齿高接触斑点不少于 45%，按齿长接触斑点不少于 60%。必要时可用研磨或刮后研磨改善接触情况。

4. 调整、固定轴承时应留下轴向间隙：$\phi40$mm 为 0.05～0.1mm，$\phi55$mm 为 0.08～0.15mm。

5. 检查减速器剖分面、各接触及密封处应均不漏油。部分面允许涂以密封油或水玻璃，不允许使用任何填料。

6. 机座内装全损耗系统用油 L-AN45 油至规定高度。

7. 表面涂灰色油漆。

40	弹簧垫圈	2	65Mn	
39	螺母	2	Q235A	M10 GB/T 6170—2000
38	螺栓	3	Q235A	M10×35 GB/T 5780—2000
37	销	2	35	8×30 GB/T 117—2000
36	防松挡板	1	35	
35	轴端盖圈	1	Q235A	
34	螺栓	2	Q235A	M6×20 GB/T 5780—2000
33	通气器	1	Q235A	
32	检查孔	1	35	
31	垫片	1	石棉橡胶纸	
30	机盖	1	HT200	
29	弹簧垫圈	6	65Mn	
28	螺母	6	Q235A	M12 GB/T 6170—2000
27	螺栓	6	Q235A	M12×100 GB/T 5780—2000
26	启盖螺钉	1	Q235A	M10×35 GB/T 5780—2000
25	机座	1	HT200	
24	轴承	2	(30208)	GB/T 297—1994
23	挡油盘	2	Q215	
22	毡圈油封	1	半粗羊毛毡	
21	键	1	Q275	14×56 GB/T 1096—2003
20	套筒	1	A3	
19	密封盖	1	A3	
18	可穿通端盖	1	HT150	
17	调整垫片	2	08F	成组
16	螺塞 M20×1.5	1	Q235A	
15	垫片	1	石棉橡胶纸	
14	油标尺	1		组合件
13	大齿轮	1	40	
12	键	1	Q275A	16×50 GB/T 1096—2003
11	轴	1	45	
10	轴承	2	(30211)	GB/T 297—1994
9	螺栓	24	Q235A	M8×25 GB/T 5780—2000
8	端盖	1	HT200	
7	毡圈油封	1	半粗羊毛毡	
6	齿轮轴	1	45	
5	键	1	Q275A	8×50 GB/T 1096—2003
4	螺栓	12	Q235A	M6×15 GB/T 5780—2000
3	密封盖	1	A3	
2	可穿通端盖	1	HT200	
1	调整垫片	2	08F	成组
序号	名称	数量	材料	备注

单级圆柱齿轮减速器		图号		第　张
				共　张
		比例	数量	
设计		机械零件		（校名、班号）
审核		课程设计		

笔记

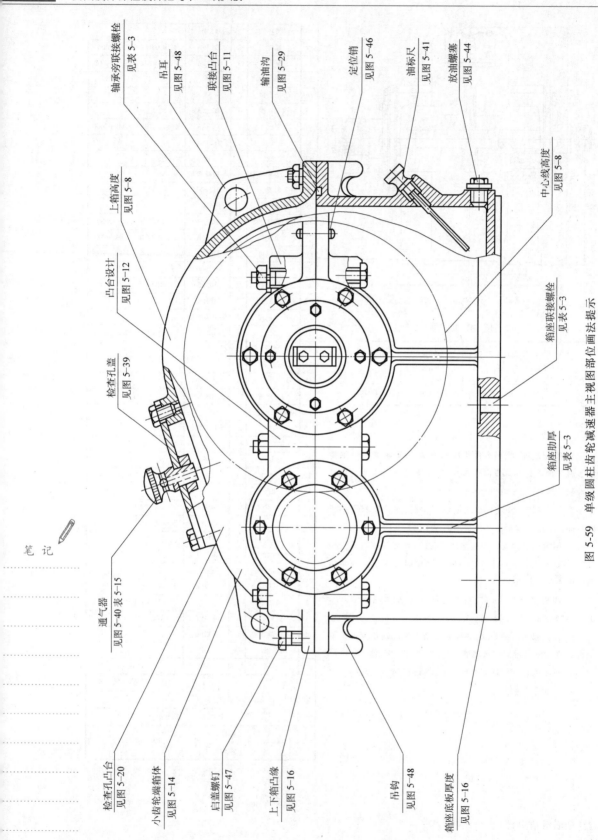

轴承旁联接螺栓 见表 5-3

吊耳 见图 5-48

联接凸台 见图 5-11

输油沟 见图 5-29

定位销

油标尺 见图 5-41

放油螺塞 见图 5-44

中心线高度 见图 5-8

上箱高度 见图 5-8

凸台设计 见图 5-12

检查孔盖 见图 5-39

箱座联接螺栓 见表 5-3

箱座肋厚 见表 5-3

通气器 见图 5-40 表 5-15

检查孔凸台 见图 5-20

小齿轮端箱体 见图 5-14

启盖螺钉 见图 5-47

上下箱凸缘 见图 5-16

吊钩 见图 5-48

箱座底板厚度 见图 5-16

图 5-59　单级圆柱齿轮减速器主视图部位画法提示

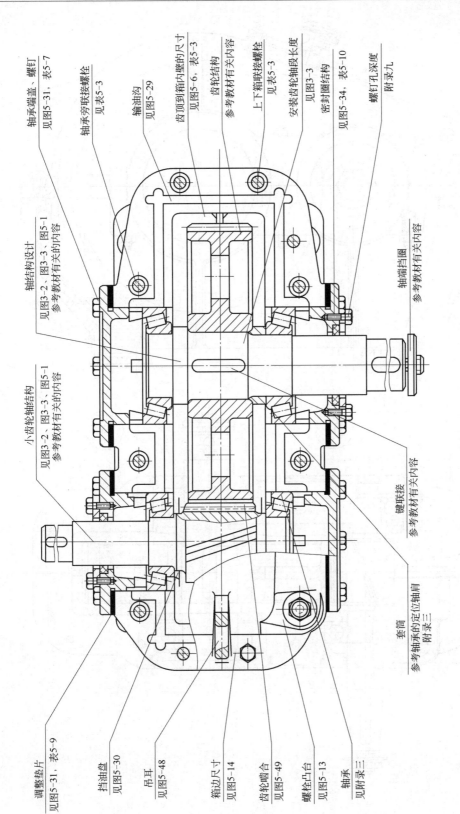

调整垫片
见图5-31、表5-9

挡油盘
见图5-30

吊耳
见图5-48

箱边尺寸
见图5-14

齿轮啮合
见图5-49

螺栓凸台
见图5-13

轴承
见附录三

套筒
轴承的定位轴肩
参考附录三

键联接
参考教材有关内容

轴端挡圈
参考教材有关内容

小齿轮轴结构
见图3-2、图3-3、图5-1
参考教材有关的内容

轴结构设计
见图3-2、图3-3、图5-1
参考教材有关的内容

轴承端盖、螺钉
见图5-31、表5-7

轴承旁联接螺栓
见表5-3

输油沟
见图5-29

齿顶到箱内壁的尺寸
见图5-6、表5-3

齿轮结构
参考教材有关内容

上、下箱联接螺栓
见表5-3

安装齿轮段长度

密封圈结构
见图3-3
见图5-34、表5-10

螺钉孔深度
附录几

图 5-60　单级圆柱齿轮减速器俯视图部位画法提示

笔记

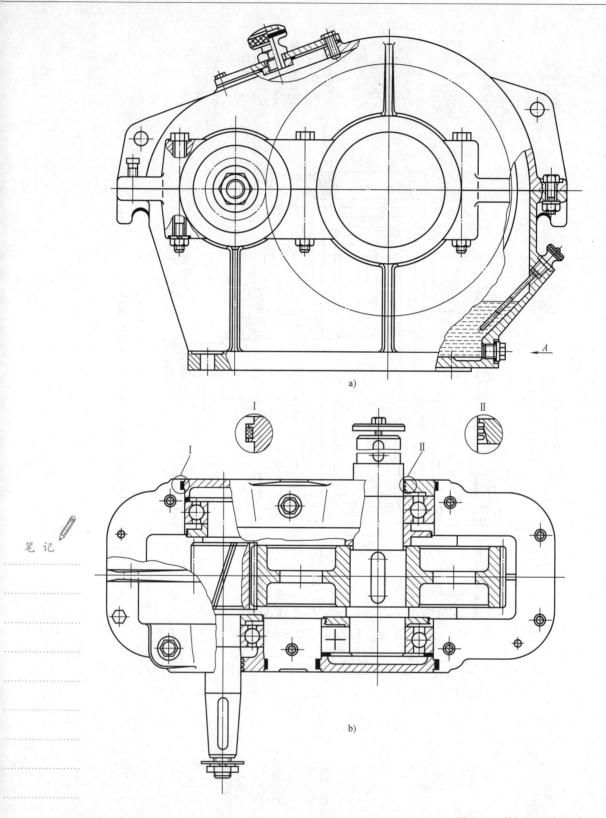

a)

b)

图 5-61 单级圆柱齿轮减速

笔 记

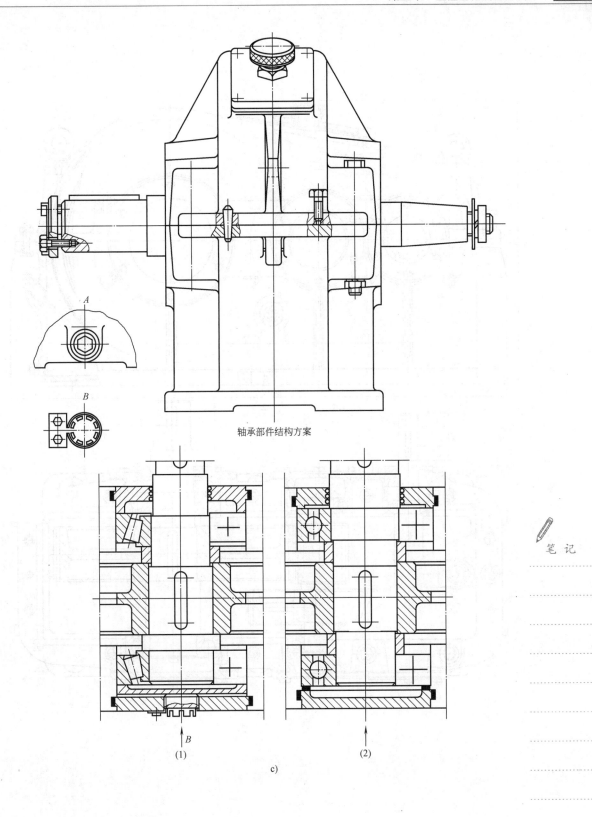

轴承部件结构方案

A

B

(1)

B

(2)

c)

器(嵌入式轴承端盖结构)图

笔记

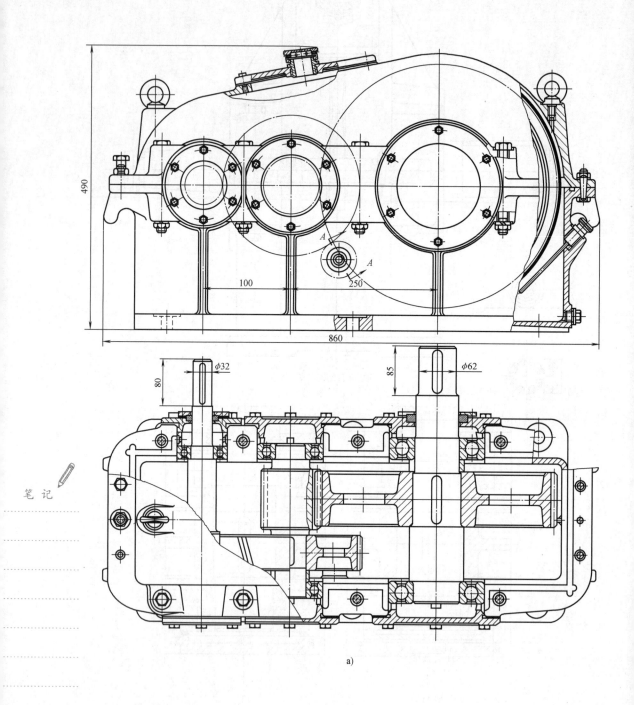

a)

图 5-62　二级圆柱齿轮减速

笔 记

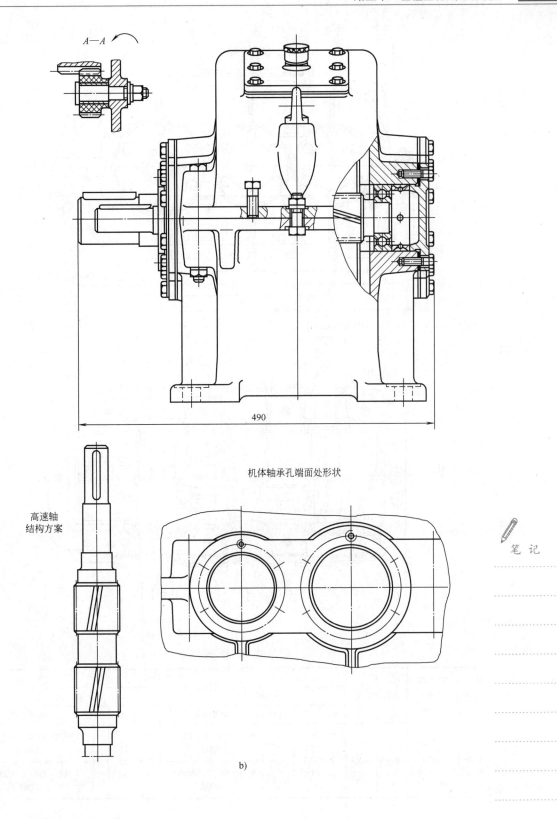

A—A

490

高速轴
结构方案

机体轴承孔端面处形状

b)

器(一般箱体结构)图

笔　记

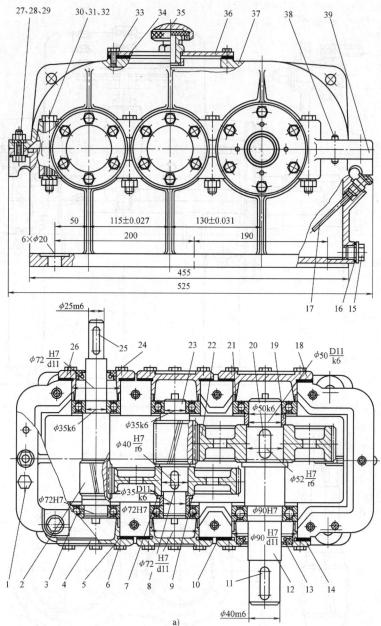

a)

技 术 特 性

输入功率/kW	输入轴转速/r·min⁻¹	总传动比 i	效率 η	技术特性							
				第一级				第二级			
				m_n	β	齿轮	精度等级	m_n	β	齿轮	精度等级
1.86	1430	16.68	0.93	2	10°42′05″	z_1 23	8GH—GB/T 10095—2008	2.5	15°56′33″	z_1 19	8GH—GB/T 10095—2008
						z_2 90	8HJ—GB/T 10095—2008			z_2 81	8HJ—GB/T 10095—2008

图 5-63 二级圆柱齿轮减速

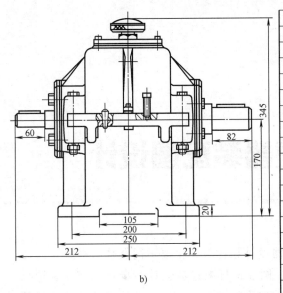

b)

技 术 要 求

1. 装配前箱体与其他铸件不加工面应清理干净，除去毛边、毛刺，并浸涂防锈漆。

2. 零件在装配前用煤油清洗，轴承用汽油清洗干净，晾干后表面应涂油。

3. 齿轮装配后应用涂色法检查接触斑点，圆柱齿轮沿齿高不小于40%，沿齿长不小于50%。

4. 调整、固定轴承时应留有轴向间隙0.2~0.5mm。

5. 箱内装全损耗系统用油L-AN68至规定高度。

6. 箱体内壁涂耐油油漆，减速器外表面涂灰色油漆。

7. 减速器剖分面、各接触面及密封处均不允许漏油，箱体剖分面应涂以密封胶或水玻璃，不允许使用其他任何填充料。

8. 按试验规程进行试验。

39	箱座	1	HT150	
38	销 8×35	2	35	GB/T 117—2000
37	箱盖	1	HT150	
36	检查孔盖	1	Q235A	
35	通气器	1	Q235A	
34	垫片	1	软钢纸板	
33	螺栓 M6×20	6	Q235A	GB/T 5780—2000
32	螺母 M12	8	Q235A	GB/T 6170—2000
31	弹簧垫圈 12	8	65Mn	
30	螺栓 M12×110	8	Q235A	GB/T 5780—2000
29	螺母 M10	2	Q235A	GB/T 6170—2000
28	弹簧垫圈 10	2	65Mn	
27	螺栓 M10×35	2	Q235A	GB/T 5780—2000
26	轴承端盖	1	HT150	
25	键 8×45	1	45	
24	密封圈 B32×52×8	1	橡胶	GB/T 13871—2007
23	齿轮轴	1	45	
22	齿轮	1	45	
21	深沟球轴承	2	(6210)	GB/T 276—1994
20	键 8×45	1	45	
19	套筒	1	Q235A	
18	闷盖	1	HT150	
17	油标尺	1	Q235A	
16	垫片	1	石棉橡胶纸	
15	螺塞 M20×1.5	1	Q235A	
14	通盖	1	HT150	
13	密封圈 B45×65×8	1	橡胶	
12	轴	1	45	
11	键 12×50	1	4545	
10	调整垫片	2	08F	成组
9	齿轮	1	45	
8	键 12×28	1	45	GB/T 1096—2003
7	套筒	1	45	
6	螺栓 M8×20	36	Q235A	GB/T 5780—2000
5	调整垫片	4	08F	成组
4	闷盖	3	HT150	
3	深沟球轴承	4	(6207)	GB/T 276—1994
2	齿轮轴	1	45	
1	螺栓 M10×30	1	Q235A	GB/T 5780—2000
序号	名　称	数量	材料	备　注

笔记

二级圆柱齿轮减速器	图号		第　张
			共　张
	比例	数量	
设计	机械零件课程设计		（校名、班号）
审核			

器（方形箱体结构）图

第六章

圆柱蜗杆减速器装配图设计

圆柱蜗杆减速器设计和圆柱齿轮减速器设计相比较，主要不同点是蜗杆轴系部件设计、蜗轮结构设计，以及箱体的设计等。圆柱蜗杆减速器设计的步骤与圆柱齿轮减速器基本相同。本章主要讲解圆柱蜗杆减速器设计的特性内容，其他设计的共性问题见第五章的具体内容。因此，设计圆柱蜗杆减速器过程中，在学习本章内容的同时，还要认真阅读前五章内容。前四章的内容是通用的，第五章的内容除明确仅适用于圆柱齿轮减速器设计的内容外，其他的内容也是通用的，只有将前几章的内容和本章的内容紧密结合起来才能顺利地设计绘制出圆柱蜗杆减速器。

在结构视图表达方面，圆柱蜗杆减速器表达最清楚、最能反映轴系部件特征的是主视图，反映箱体结构的是左视图，设计时也是主要设计主视图和左视图，只要主视图和左视图设计出来，也就基本完成了箱体结构设计。

一般由蜗杆的圆周速度来确定蜗杆传动的布置形式，布置方式将影响减速器轴承的润滑。选择的方法是：当蜗杆的圆周速度小于4m/s时，通常将蜗杆布置在蜗轮的下方（称为蜗杆下置式）。这时，蜗杆轴轴承靠油池中的润滑油来润滑，比较方便。当蜗杆的圆周速度大于4m/s时，为减少搅油损失，常将蜗杆布置在蜗轮的上方（称为蜗杆上置式）。

第一节　装配图设计第一阶段

装配图设计第一阶段即非标准图（A3纸图）设计主要是设计绘制主视图，主视图设计的关键是圆柱蜗杆轴系部件的设计，主视图上圆柱蜗杆轴系部件设计绘制出后，就可设计绘制左视图，从而确定箱体的结构。因投影关系，箱体结构设计第一阶段是设计左视图，到第二阶段以后就以设计俯视图为主，最后正式装配图的左视图只是反映箱体的外部结构，箱体的内部结构由俯视图来表达。实际上在设计蜗杆轴系部件的过程中，也要进行箱体及其他附件的结构设计，应按照设计过程逐步完成减速器的整体设计。

设计过程也是从内向外、从主到次、从粗到细；也是边画图、边计算、边修改，现以单级下置式圆柱蜗杆减速器为例说明设计过程。

1. 确定蜗杆蜗轮的位置

准备一张 A3 纸,根据前面的计算结果,在理解图 6-13 的基础上,参照图 6-1 所示的结构示意图,选择合适的比例(建议用 1:2 比例),在合适的位置画出蜗杆和蜗轮的啮合图。

2. 确定蜗杆轴承座的位置

主视图设计的难点是确定蜗杆轴承座的位置,具体的设计方法是:

1)根据在第四章设计出的蜗杆轴,选用合适的轴承(具体轴承的选择方法见本节 5 内容),查出轴承的外径,并根据轴承外径画出轴承座孔的内径 D,按表 5-7 确定出轴承端盖的外径 D_2。确定轴承座孔时要考虑,若蜗杆直径 d_{a1} 大于轴承座孔 D,为便于蜗杆安装,应在轴承座孔内加套杯。

2)箱体内轴承座孔凸台的外径 D_2 应和轴承端盖的外径 D_2 相同,由此确定箱体内轴承座孔的凸台尺寸。

3)确定箱体的壁厚 δ_1 与 δ,箱体结构的有关尺寸见表 5-3,取蜗轮的顶圆到箱体内壁的距离 $\Delta_1 \approx \delta$,画出箱体的内壁和外壁。蜗杆轴承座外凸台的端面高出外壁 $4 \sim 8$mm,确定出蜗杆轴承座外凸台的端面 F_1。M_1 为蜗杆轴承座两外端面间的距离。

4)为提高蜗杆的刚度,应尽量缩短轴承支点的位置,故应使轴承座尽量内伸,为此,常将圆柱形轴承座上部靠近蜗轮的部分铸出一个斜面,如图 6-1、图 6-2 所示。以蜗轮外径加 Δ_1 为半径画弧和箱体内轴承座孔的凸台 D_2 相交,再取 $b = 0.2(D_2 - D)$,确定出轴承座孔内端面 E_1 的位置。

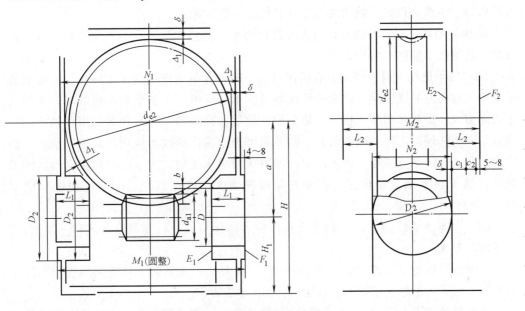

图 6-1 蜗杆减速器结构示意图

5)安装轴承时轴承的内端面应和 E_1 留有一定的距离 Δ_3,Δ_3 的结构和尺寸见图 5-1 及表 5-2。

笔记

3. 确定蜗轮轴承座的位置

由于蜗杆与蜗轮的轴线呈空间交错，确定箱体结构时，应该在主视图和左视图上同时进行。蜗杆减速器设计过程中，常取蜗杆减速器的宽度等于蜗杆轴承端盖的外径（等于蜗杆轴承座孔外径），即 $N_2 = D_2$。确定箱体的厚度 δ，由箱体的外表面和箱体壁厚可确定箱体的内壁 E_2，箱体的内壁就是蜗轮轴承座内端面的位置。轴承座外端面 F_2 的位置即轴承座孔的宽度 L_2，轴承座孔的宽度 L_2 由轴承座旁联接螺栓及箱壁厚度确定，即 $L_2 = \delta + c_1 + c_2 + (5 \sim 8)\,mm$，如图 5-4 所示。

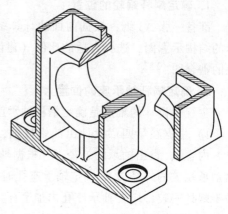

图 6-2　蜗杆轴承座

4. 确定箱体其他结构

在确定以上结构和尺寸后，箱体的主要结构已确定，考虑设计的完整性，根据箱体的特点确定其他结构和尺寸。根据蜗轮顶圆直径到箱体内壁距离为 Δ_1 确定箱体顶部的内壁和外壁位置。对下置式蜗杆减速器，为保证散热，常取蜗轮轴中心高 $H = (1.8 \sim 2)a$，a 为传动中心距。此处的蜗杆轴中心高 H_1 还需满足传动件润滑要求，如图 5-21d 所示，中心高 H_1、H 需圆整。

5. 轴系结构设计

（1）蜗杆轴　蜗杆轴为整体轴，具体结构可参见教材的相关内容和第四章的有关设计内容，注意选择蜗杆轴的结构是铣削蜗杆还是车削蜗杆。

（2）蜗轮轴　蜗轮轴的设计可参看教材的相关内容和第四章的有关内容设计，长度的确定取决于箱体的结构。

笔记

（3）轴承选择　因蜗杆轴上有轴向力，一般不宜单独选用深沟球轴承，常选用能承受较大轴向力的圆锥滚子轴承或角接触球轴承。圆锥滚子轴承和角接触球轴承相比承载能力大、安装和调整方便、价格低廉，故蜗杆减速器中多采用圆锥滚子轴承。当支点结构为一端固定与一端游动时，游动端可选用深沟球轴承或圆柱滚子轴承。当轴向力非常大且转速不高时，可选用双向推力球轴承承受轴向力，同时选用深沟球轴承或圆柱滚子轴承承受径向力。因蜗杆轴轴向力大、转速较高，一般可初选用中窄（03）系列。

（4）轴承支点结构设计　轴承支点结构有两种形式：两端固定形式和一端固定、一端游动形式。

当蜗杆轴较短（支点跨距小于 300mm），温升又不太高时，可采用两端单向固定的结构，常采用圆锥滚子轴承正装结构，如图 6-3 所示。

当蜗杆轴支点跨距较大时，轴热膨胀伸长量大，若采用两端固定结构，轴承将承受较大的附加轴向力，使轴承运转不灵活，甚至加速破坏，这时可采用一端固定，一端游动的支承结构，如图 6-4 所示。固定端常采用两个圆锥滚子轴承正装的支承形式，固定端一般选在非外伸端并常采用套杯结构以便固定轴承。外圈用套杯凸肩和轴承端

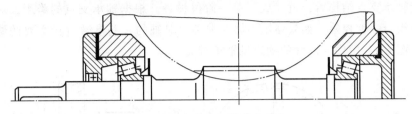

图 6-3 蜗杆支点两端单向固定

盖双向固定，内圈用轴肩和圆螺母双向固定。游动端可采用深沟球轴承，内圈用轴肩和弹性挡圈双向固定，外圈在轴承座孔内做轴向游动，如图 6-4 所示。或者采用圆柱滚子轴承，内、外圈双向固定，滚子在外圈内表面做轴向游动，如图 6-5 所示。

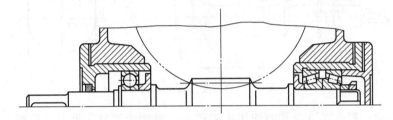

图 6-4 蜗杆支点一端固定，一端游动

　　为便于加工，游动端也常采用套杯或选用外径与座孔直径尺寸相同的轴承。设计套杯时，应注意使其外径大于蜗杆的外径，否则无法安装蜗杆。

　　用圆螺母固定正装的圆锥滚子轴承时，在圆螺母与轴承内圈之间，必须放一个隔离环，否则圆螺母将与保持架发生干涉，如图 6-6 所示。环的外径和宽度，见圆锥滚子轴承标准中的安装尺寸或根据一般结构设计确定。

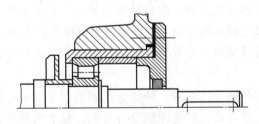

图 6-5 圆柱滚子轴承游动结构

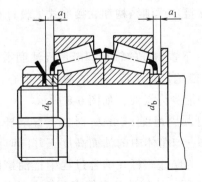

图 6-6 圆螺母固定圆锥滚子轴承的结构

确定轴承支点结构后，就完成了第一阶段设计。根据轴承支点的跨距，对蜗轮轴进行弯扭组合强度校核。如果强度不够，则必须对轴的一些参数进行必要的修改，支点跨距见图6-7，图中 a 尺寸的确定见轴承有关内容。

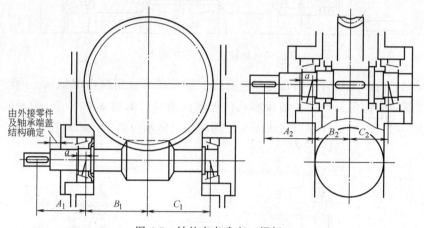

由外接零件及轴承端盖结构确定

图 6-7　轴的支点确定（蜗杆）

轴承寿命一般按照减速器的使用年限选定。对初选的轴承型号，应根据载荷情况验算其寿命，如轴承寿命不满足要求时，一般可更换轴承系列或类型，但不轻易改变轴承内孔尺寸（即轴颈直径尺寸）。

第二节　装配图设计第二阶段

装配图设计第二阶段为坐标纸图设计，是指在第一阶段（非标准图）设计的基础上，考虑箱体设计的具体结构和减速器附件等的设计，在坐标纸上设计绘制出主视图和俯视图。在第一阶段左视图的基础上设计绘制出俯视图，为第三阶段的设计打基础。箱体和减速器附件的设计见第五章有关内容。

笔记

1. 蜗轮结构

蜗轮结构分整体式和组合式两种。铸铁蜗轮和直径<100mm 的青铜蜗轮多为整体式。一般蜗轮结构多为组合式，即轮圈部分为青铜，轮芯为铸铁，轮圈和轮芯联接的办法有两种。一种是用过盈配合将两部分组合起来，再在配合处装 4~8 个螺钉，第二种办法是用铰制孔用螺栓联接，详细结构和联接形式见教材有关内容。

2. 润滑与密封

（1）蜗杆轴承的润滑　下置蜗杆的轴承润滑用浸油润滑。为避免轴承搅油功率损耗过大，最高油面 h_{0max} 不能超过轴承最下面的滚动体中心，最低油面高度 h_{0min} 应保证最下面的滚动体在工作中能少许浸油，如图6-8所示。

（2）蜗杆的润滑　蜗杆圆周速度 $v<4m/s$ 时，下置蜗杆多采用浸油润滑。蜗杆齿浸油深度见图5-21和表5-6。如箱体中的油面高度正好同时满足轴承和蜗杆的润滑要求，则两者都用浸油润滑。为防止蜗杆在啮合过程中把油挤向轴承，在轴承和蜗杆间加装一个挡油盘，如图6-8a所示。挡油盘和箱座孔件应留有一定间隙，让一部分润滑

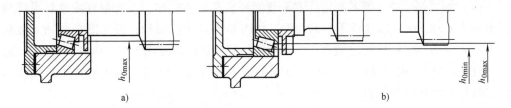

图 6-8 下置式蜗杆减速器的油面高度

油进入轴承以保证轴承的润滑，挡油盘结构如图 5-30 所示。

如油面高度满足轴承的浸油润滑，但蜗杆浸油深度不够时，应在蜗杆两侧装溅油盘，以便让蜗杆转动时把油甩起来达到让传动件润滑的目的，如图 6-8b 所示。这时滚动轴承的浸油深度可适当降低，以减少轴承搅油损耗。

（3）蜗轮轴承的润滑　蜗轮因转速较低，故蜗轮轴的轴承可采用脂润滑方式。也可采用刮油润滑形式，当蜗轮转动时，利用装在箱体内的刮油板，将轮缘侧面上的油刮下，油沿输油沟流进轴承室进行润滑，刮油板和传动件之间应留有 0.1～0.5mm 的间隙，刮油板一般用薄钢板制成，如图 6-9a 所示。图 6-9b 所示的是将刮下的油直接送入轴承室进行润滑的方式。

笔记

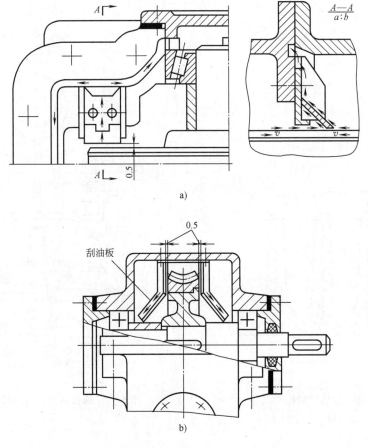

图 6-9　刮油润滑

（4）上置蜗杆减速器的润滑　和下置蜗杆减速器不一样，上置蜗杆减速器蜗杆轴轴承用脂润滑，蜗轮轴轴承用刮油润滑，如图6-9b所示的结构，或见图6-15所示装配图中的C向图。蜗杆蜗轮的润滑用浸油润滑，浸油的深度见图5-21e和表5-6。当转速较高时，则应采用喷油润滑，以保证正常的润滑和冷却，喷油润滑内容详见第五章第三节的有关内容和图5-23。

（5）密封　蜗杆减速器的密封基本同齿轮减速器，可见第五章第三节支承结构设计中有关密封的内容。蜗杆轴密封采用较可靠的唇形橡胶密封圈，如图5-36所示。蜗轮轴的密封可用一般的毡圈密封，如图5-34所示。

3. 散热片结构

蜗杆减速器的基本尺寸确定后，箱体的整体长、宽、高的尺寸就确定了。由于蜗杆减速器工作时发热量较大，其箱体的大小应考虑散热面积的需要，并要进行热平衡计算。若不满足热平衡要求，则应增大箱体的尺寸或在箱体的外表面加设散热片，散热片的布置一般取竖直方向，如图6-15所示。若在蜗杆轴端加装风扇，则散热片的布置方向应和风扇气流方向一致。散热片的结构和尺寸如图6-10所示。

第二阶段设计的结果如图6-11所示。

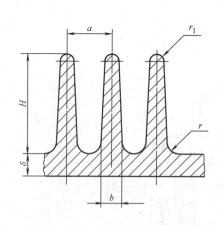

图 6-10　散热片结构和尺寸
$$H = (4 \sim 5)\delta \quad a = 2\delta \quad b = \delta$$
$$r = 0.5\delta \quad r_1 = 0.25\delta$$

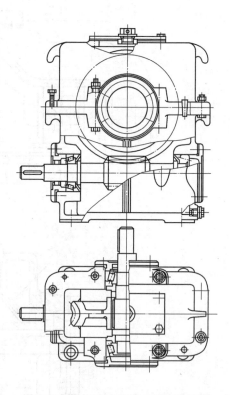

图 6-11　蜗杆减速器第二阶段设计图

第三节　装配图设计第三阶段

装配图设计第三阶段即正式装配图设计阶段，是指在第二阶段（坐标纸图）设计的基础上，进一步完成减速器的全部设计，具体设计过程和注意事项详见第五章第四节的有关内容。

蜗杆减速器的箱体结构除前面介绍的剖分式箱体外，还有整体式（也称为大端盖式）箱体结构，在这里再简单介绍一下整体式箱体结构，整体式箱体的特点是在箱体的两侧开设两个大端盖孔，蜗轮轴系从大端盖孔装入，再用两个大端盖密封箱体。要求大端盖孔径要稍大于蜗轮的外圆直径。为保证传动啮合的精度，大端盖与箱体间的配合采用 H7/js6 或 H7/g6，如图 6-12 所示。

为使蜗轮能跨过蜗杆装入箱体，蜗轮外圆与箱体上壁间应留有相应的距离 s，如图 6-12 所示。

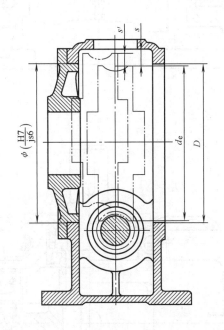

图 6-12　整体式蜗杆减速器箱体结构

图 6-13 所示为单级下置蜗杆减速器（蜗轮轴轴承油润滑）装配图，图 6-14 所示为单级下置蜗杆减速器（蜗轮轴轴承脂润滑）装配图，图 6-15 所示为单级上置蜗杆减速器（蜗轮轴轴承油润滑）装配图，图 6-16 所示为单级大端盖式蜗杆减速器装配图。

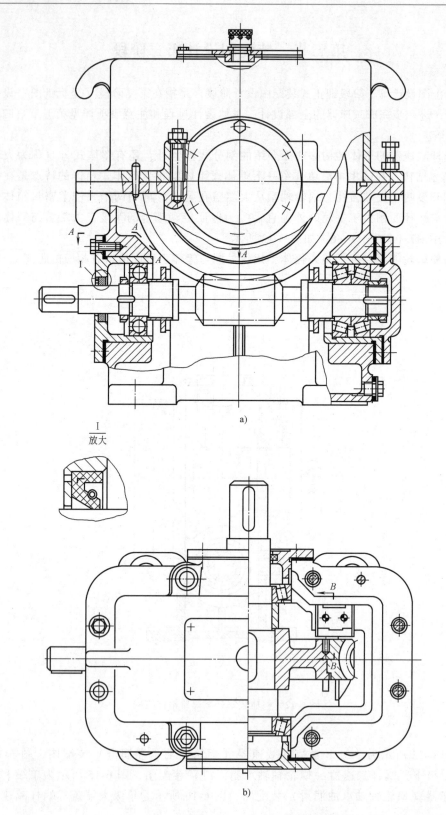

a)

$\dfrac{\text{I}}{\text{放大}}$

b)

笔记

图 6-13　单级下置蜗杆减速器

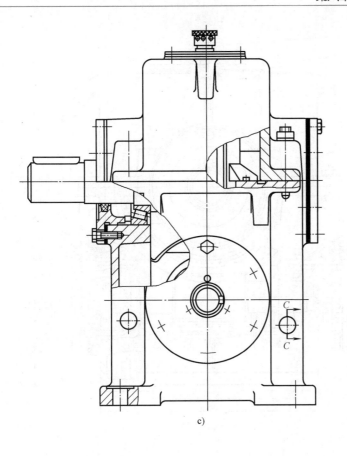

c)

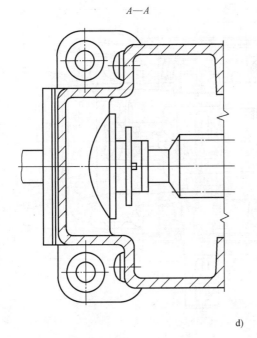

$A—A$

d)

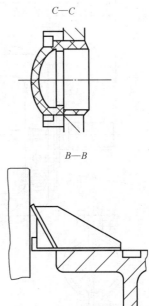

$C—C$

$B—B$

（蜗轮轴轴承油润滑）装配图

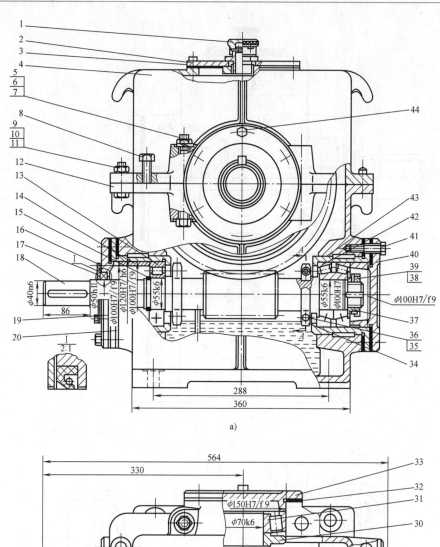

a)

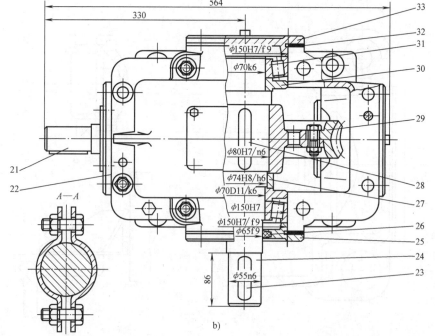

b)

图 6-14　单级下置蜗杆减速器

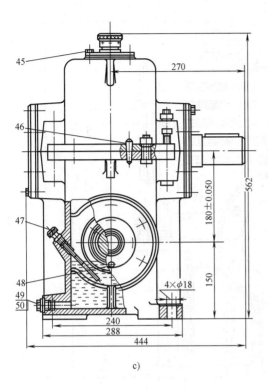

c)

减速器技术特性

输入功率 /kW	输入轴转速 /r·min⁻¹	总传动比 i	效率 η
6.5	970	19.5	0.81

技 术 要 求

1. 装配之前，所有零件均用煤油清洗，滚动轴承用汽油清洗，未加工表面涂灰色油漆，内表面涂红色耐油油漆。

2. 啮合侧隙用铅丝检查，侧隙值不得小于 0.1mm。

3. 用涂色法检查齿面接触斑点，按齿高不得小于55%，按齿长不得小于50%。

4. 30211 轴承的轴向游隙为 0.05~0.10mm，30314 轴承的轴向游隙为 0.08~0.15mm。

5. 箱盖与箱座的接触面涂密封胶或水玻璃，不允许使用任何填料。

6. 箱座内装 CKE320 蜗轮蜗杆油至规定高度。

7. 装配后进行空载试验时，高速轴转速为 1000r/min，正、反各运转 1h，运转平稳，无撞击声，不漏油。负载试验时，油池温升不超过 60℃。

(蜗轮轴轴承脂润滑)装配图

50	垫片	1	石棉橡胶纸	
49	螺塞 M20×1.5	1	Q235A	
48	螺栓	3	Q235A	M6×16GB5782—2000
47	油标尺	1		组合件
46	圆锥销	2	35	
45	螺栓	6	Q235A	M6×20GB5782—2000
44	螺栓	12	Q235A	M8×25GB5782—2000
43	套杯	2	HT150	
42	轴承	2		30211
41	螺栓	12	Q235A	M8×35GB5782—2000
40	轴承端盖	1	HT200	
39	止动垫圈	1	Q235A	
38	圆螺母	1	Q235A	GB/T812—1988
37	挡圈	1	Q235A	
36	螺母	4	Q235A	M6GB/T6170—2000
35	螺栓	4	Q235A	M6×20GB5782—2000
34	甩油板	4	Q235A	
33	轴承端盖	1	HT200	
32	调整垫片	2	08F	成组
31	轴承	2		30314
30	挡油环	2	HT150	
29	蜗轮	1		组合件
28	键	1	Q275	
27	套筒	1	Q235A	
26	毡圈油封	1	半粗羊毛毡	
25	轴承端盖	1	HT200	
24	轴	1	45	
23	键	1	Q275	
22	毡圈油封	1	半粗羊毛毡	
21	键	1	Q275	14×56GB1096—2003
20	调整垫片	2	08F	成组
19	调整垫片	2	08F	成组
18	蜗杆轴	1	45	
17	密封圈 B50×72×8	1	橡胶	
16	密封盖	1	Q235A	
15	弹性挡圈	1	65Mn	GB/T894.1—1986
14	套筒	1	Q235A	
13	轴承	2		
12	箱座	1	HT200	
11	弹簧垫圈	4	65Mn	
10	螺母	4	Q235A	M12GB/T6170—2000
9	螺栓	4	Q235A	M12×45 GB/T5782—2000
8	启盖螺钉	1	Q235A	M12×45 GB/T5782—2000
7	弹簧垫圈	4	65Mn	
6	螺母	4	Q235A	M16GB/T6170—2000
5	螺栓	4	Q235A	M16×120GB5782—2000
4	箱盖	1	HT200	
3	垫片	1	石棉橡胶纸	
2	检查孔盖	1	Q235A	
1	通气器	1		组合件
序号	名称	数量	材料	备注

单级蜗杆减速器		图号		第　张
				共　张
		比例		数量
设计			机械零件课程设计	(校名、班号)
审核				

笔记

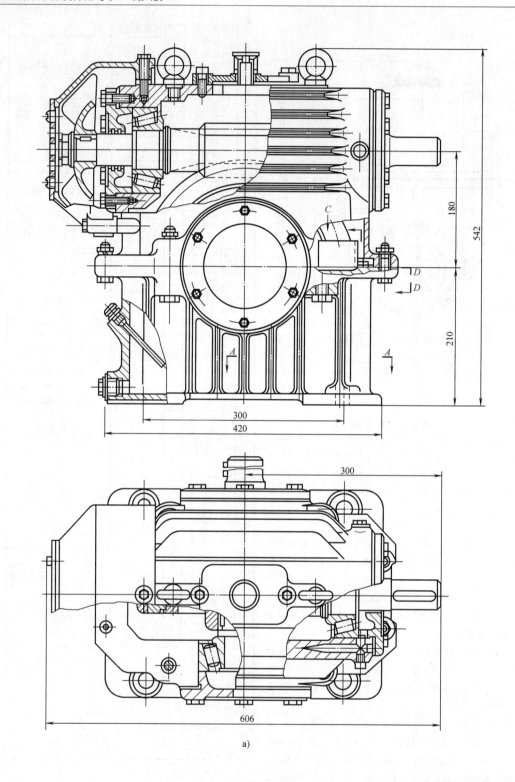

a)

笔 记

图 6-15　单级上置蜗杆减速器

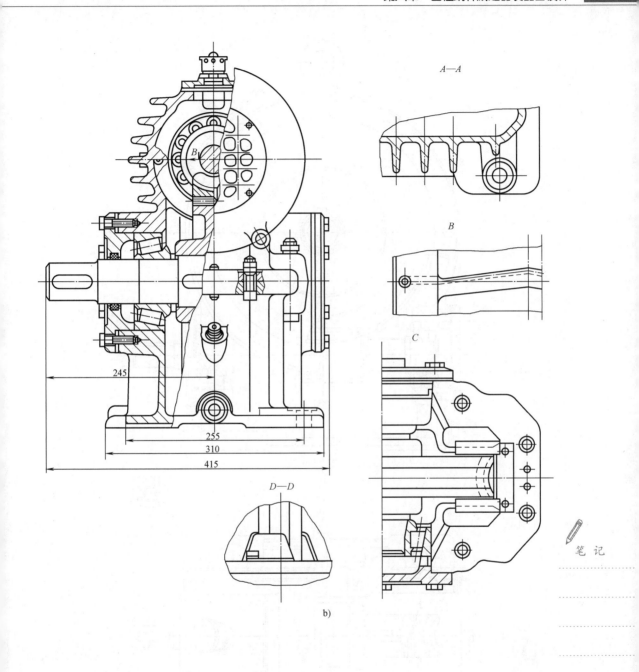

A—A

B

C

D—D

245

255

310

415

b)

（蜗轮轴轴承油润滑）装配图

笔 记

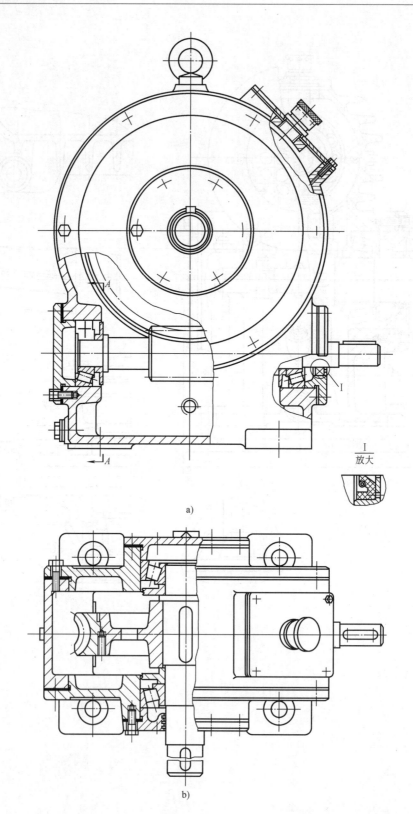

a)

b)

笔 记

图 6-16 单级大端盖式

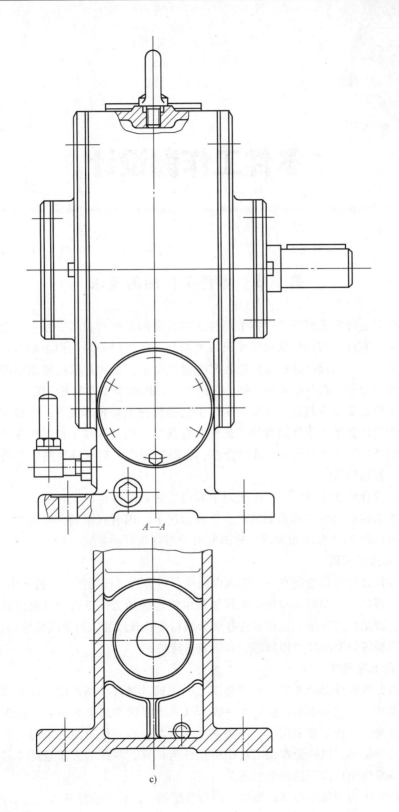

c)

蜗杆减速器装配图

第七章

零件工作图设计

第一节　零件工作图的要求

　　装配图只是确定了减速器中各个部件或零件之间的相对位置关系、配合要求和总体尺寸，每个零件的结构形状和尺寸只得到部分反映，因而装配图不能直接作为加工零件的依据。一般的设计过程是先把装配图设计出来，在满足装配要求的前提下，根据各个零件的功能，在装配图的基础上拆绘和设计出各个零件的工作图。

　　零件工作图是零件制造、检验和制订工艺规程的主要技术文件，在绘制时要同时兼顾零件的设计要求及零件制造的工艺性和合理性。因此零件工作图应完整、清楚地表达零件的结构尺寸及其公差、几何公差、表面粗糙度、对材料及热处理的说明及其技术要求、标题栏等。

　　在课程设计中，绘制零件工作图的主要目的是锻炼学生的设计能力，让学生掌握零件工作图的内容、要求和绘制方法。一般情况下，因时间限制，根据课程设计的教学要求，可绘制 2~3 张典型零件工作图（可由指导教师确定）。

1. 正确选择视图

　　每个零件必须单独绘制在一个标准图幅中，应合理安排视图，尽量采用 1 : 1 比例画图。绘制零件工作图时必须根据机械制图中规定的画法并以较少的视图和剖视合理布置图面，清楚而正确地表达出零件各部分结构形状及尺寸。对于细部结构，如倒角、圆角、退刀槽等如有必要可用局部放大图表达清楚。

2. 合理标注尺寸

　　要认真分析设计要求和零件的制造工艺，正确选择尺寸基准面，尺寸基准应尽可能与设计基准、工艺基准和检验基准一致，以利于零件的加工和检验。标注的尺寸要做到尺寸齐全，标注合理和明了，不遗漏，不重复，也不能封闭。图面上供加工和检验用的尺寸应足够，以避免在加工过程中作任何换算。零件的大部分尺寸尽量标注在最能反映该零件结构特征的一个视图上。

　　在视图中所表达的零件结构形状，应与装配图一致，不应随意改动，如必须改动，则装配图一般也要作相应的修改。

3. 合理标注公差及表面粗糙度

对于配合处尺寸和精度要求较高的尺寸，应根据装配图中已经确定了的配合和精度等级，标注尺寸的极限偏差。自由尺寸的公差一般可不标。

零件工作图上应注明必要的几何公差。几何公差是评定零件加工质量的重要指标之一。对不同零件的工作性能的要求不同，则相应注明的几何公差项目和精度等级也应不同。

几何公差值可用类比法或计算法确定，一般凭经验类比。但要注意各公差值的协调，应使 $T_{形状}<T_{位置}<T_{尺寸}$。对于配合面，当缺乏具体推荐值时，通常可取形状公差为尺寸公差的 25%～63%。

零件的所有加工表面都应注明表面粗糙度数值。遇有较多的表面采用相同的表面粗糙度数值时，为了简便起见可集中标注在图样的右下角，并加 "√" 符号，但只允许就其中使用最多的一种表面粗糙度如此标注。表面粗糙度的选择，应根据设计要求确定，通常按表面作用及制造经济原则选择，在保证正常工作的条件下，尽量选择数值较大者，以利于加工和降低成本。

4. 编写技术要求

凡使用图形或符号不便在图面上注明，而在制造和检验时又必须保证的条件和要求，均可用文字简明扼要地写在技术要求中。技术要求的内容根据不同的零件、不同要求及不同的加工方法而有所不同。一般包括：

（1）对材料的力学性能和化学成分的要求　对主要零件如轴、齿轮等的力学性能和化学成分的不同要求等。

（2）对铸造或锻造毛坯的要求　如毛坯表面不允许有氧化皮或毛刺；箱体铸件在机械加工前必须经时效处理等。

（3）对零件性能的要求　如热处理方法及热处理后表面硬度、淬火深度及渗碳深度等。

（4）对加工的要求　如是否与其他零件一起配合加工（配钻或配铰）等。

（5）其他要求　如对未注明的倒角、圆角的说明；对零件个别部位的修饰加工要求，对某表面要求涂色、镀铬等；对于高速、大尺寸的回转零件的平衡试验要求等。

5. 标题栏

应按机械制图的标准在图样的右下角画出标题栏，并将零件名称、材料、图号、数量及绘图比例等，准确无误地填写在标题栏中，其规格尺寸如图 7-1 所示。

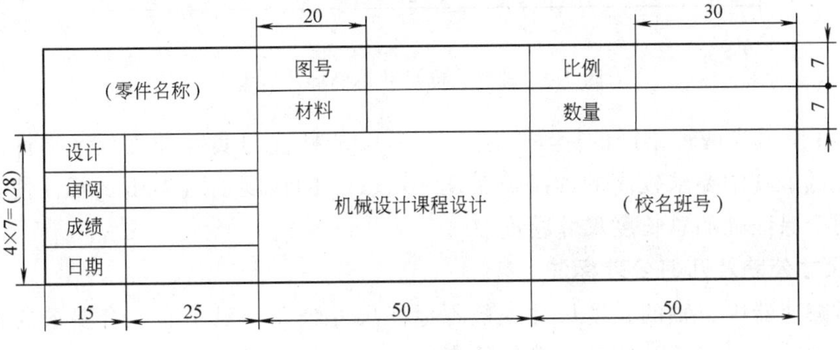

图 7-1　零件工作图标题栏

第二节 轴类零件工作图的设计和绘制

1. 视图选择

根据其结构特点,对轴类零件一般只需用一个视图即可将其结构表达清楚,即将轴线横置,一般键槽面朝上。对于轴上的键槽、孔等结构,可用必要的断面图或局部剖视图来表达。对于零件的细部结构,如退刀槽、砂轮越程槽、中心孔等处,必要时可画局部放大图来表示。

2. 尺寸标注

轴类零件应注明各轴段的直径、长度、键槽及细部的结构尺寸。

(1) 径向尺寸标注 各轴段的直径必须逐一标注,即使直径完全相同的不同轴段也不能省略。凡是有配合关系的轴段应根据装配图上所标注的尺寸及配合类型来标注其直径及公差。各段之间的过渡圆角或倒角等细部结构的尺寸也应标出(或在技术要求中加以说明)。

(2) 长度尺寸标注 轴的长度尺寸标注,首先应正确选择基准面,尽可能使尺寸标注符合加工工艺和测量要求,根据设计和工艺要求确定主要基准和辅助基准,不允许出现封闭尺寸链。图7-2所示轴的长度尺寸标注以齿轮定位轴肩 (Ⅱ) 为主要标注基准,以轴承定位轴肩 (Ⅲ) 及两端面 (Ⅰ、Ⅳ) 为辅助基准,其标注方法基本上与轴在车床上的加工顺序相符合,图中选 (最不重要的轴段) ϕ_6 段轴的长度尺寸作为尺寸的封闭环而不注出。在标注键槽尺寸时,除标注键槽长度尺寸外,还应注意标注键槽的定位尺寸 l_2。

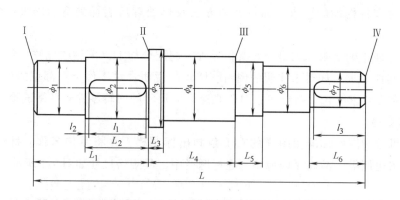

图 7-2　轴的长度尺寸正确标注方案

图7-3所示为两种错误的标注方法:图7-3a的标注与实际加工顺序不符,既不便测量又降低了其中要求较高的轴段长度 L_2、L_4、L_6 的精度;图7-3b的标注使其首尾相接,不利于保证轴的总长度尺寸精度。

3. 尺寸公差及几何公差标注

普通减速器中,轴的长度尺寸一般不标注尺寸公差,对于有配合要求的直径,如安装齿轮、轴承、带轮、联轴器等处的直径,应按装配图中选定的配合类型标注尺寸

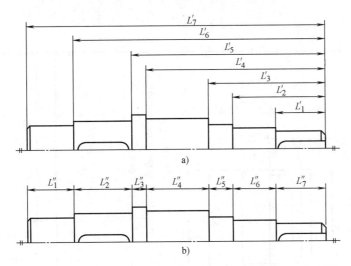

图 7-3 轴的长度尺寸错误标注方法

公差。键槽的尺寸及公差的标注数值见教材上相关的内容。

轴的重要表面应标注几何公差，以保证轴的加工精度。普通减速器中，轴类零件几何公差推荐标注项目参考表 7-1 选取，标注方法如图 7-4 所示。

表 7-1 轴类零件几何公差推荐项目

公差类别	标注项目		符号	精度等级	对工作性能的影响
形状公差	与传动零件相配合的圆柱表面	圆柱度	⌭	7~8	影响传动零件及滚动轴承与轴配合的松紧、对中性及几何回转精度
	与滚动轴承相配合的轴颈表面			6	
方向公差、位置公差及跳动公差	与传动零件相配合的圆柱表面	径向圆跳动	⟋	6~8	影响传动零件及滚动轴承的回转同轴度
	与滚动轴承相配合的轴颈表面			5~6	
	滚动轴承的定位端面	垂直度或轴向圆跳动	⊥ 或 ⟋	6	影响传动零件及轴承的定位、受载均匀性
	齿轮、联轴器等零件的定位端面			6~8	
	平键键槽两侧面	对称度	⩴	7~9	影响键的受载均匀性及装拆难易程度

4. 表面粗糙度标注

零件所有表面（包括非加工的毛坯表面）均应注明表面粗糙度，轴的各部分精度要求不同，加工方法则不同，故其表面粗糙度也不应该相同。轴的各加工表面的表面粗糙度推荐值见表 7-2，标注方法如图 7-4 所示。

笔 记

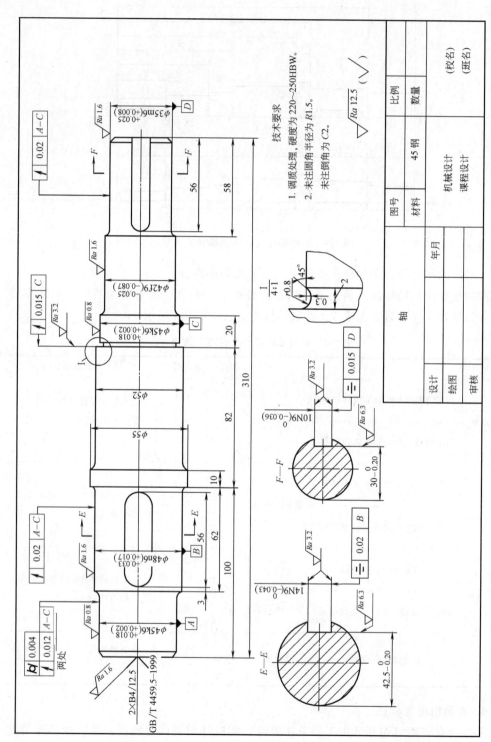

图7-4 阶梯轴零件工作图

表 7-2　轴加工表面粗糙度推荐值　　　　　　　（单位：μm）

加工表面		表面粗糙度 Ra 推荐值		
与滚动轴承相配合的	轴颈表面	0.8（轴承内径 $d \leqslant 80mm$）；1.6（轴承内径 >80mm）		
	轴肩端面	1.6		
与传动零件、联轴器相配合的	轴头表面	1.6~0.8		
	轴肩端面	3.2~1.6		
平键键槽的	工作面	6.3~3.2，3.2~1.6		
	非工作面	12.5~6.3		
密封轴段表面		毡圈密封	橡胶密封	间隙密封或迷宫密封
		与轴接触处的圆周速度		3.2~1.6
		≤3m/s	3~5m/s　5~10m/s	
		3.2~1.6	0.8~0.4　0.4~0.2	

5. 技术要求

轴类零件的技术要求主要包括：

1）对材料及其表面性能的要求（如热处理方法、硬度、渗碳深度及淬火深度等）。

2）对轴的加工的要求（如是否保留中心孔等）。

3）对图中未注明倒角、圆角尺寸的说明及其他特殊要求（如个别部位有修饰加工要求，对长轴应校直毛坯等要求）。

图 7-4 所示为阶梯轴的零件工作图。

第三节　齿轮类零件工作图的设计和绘制

齿轮类零件包括齿轮、蜗轮、蜗杆。此类零件工作图除上述要求外，还应有供加工和检验用的啮合特性表。

1. 视图选择

齿轮类零件一般用两个视图（主视图和左视图）表示。主视图通常采用通过轴线的全剖视图或半剖视图，左视图可采用表达毂孔和键槽的形状、尺寸为主的局部视图。若齿轮是轮辐结构，则应详细画出左视图，并附加必要的局部视图，如轮辐的横剖视图。

对于组装的蜗轮，应分别画出齿圈、轮芯的零件工作图及蜗轮的组装图，也可以只画出组装图。

齿轮轴、蜗杆轴可按轴类零件绘制，如图 7-5、图 7-6 所示。

2. 尺寸及公差标注

（1）尺寸标注　标注齿轮的尺寸时首先应选定基准面，基准面的尺寸和形状公差应严格规定，因为它影响齿轮加工和检验的精度。各径向尺寸以轴的轴线为基准标出，齿宽方向的尺寸以端面为基准标出。齿轮分度圆直径虽不能直接测量，但它是设计的

笔记

法向模数	m_n	2	公差值
齿数	z_1	23	
压力角	α	20°	
齿顶高系数	h_a^*	1.0	
螺旋角	β	10°42′05″	
螺旋方向		左	
变位系数	x	0	
精度等级	8GH GB/T 10095.1-2008		
	$\alpha \mp f_a$	115±0.027	

中心距	图号			
配对 齿轮	齿数	z_2	90	
公差组	检验 项目	公差值		
I	F_r	0.045		
	F_w	0.040		
II	f_{pt}	±0.02		
	f_f	0.014		
III	F_β	0.025		
公法线平均长度 及偏差		$15.438{-0.120 \atop -0.160}$		
跨齿数	K	3		
齿 厚				

$\sqrt{Ra\ 25}$　(　)

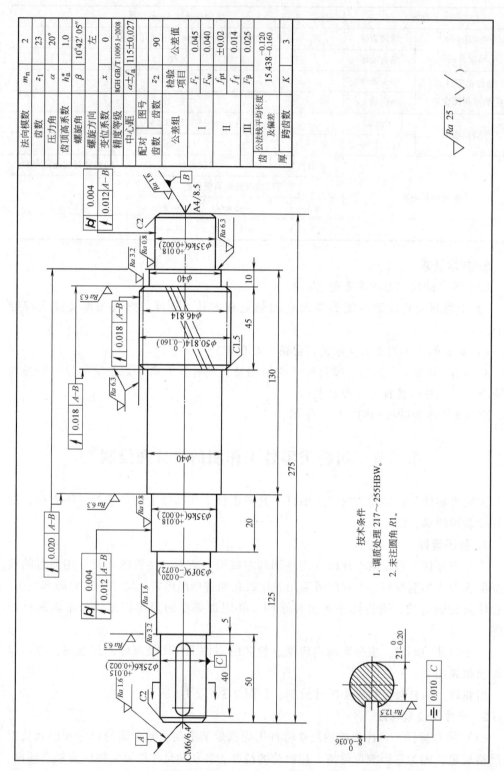

技术条件
1. 调质处理 217~255HBW。
2. 未注圆角 R1。

图 7-5　圆柱齿轮轴零件工作图

蜗杆类型		ZA
模 数	m	8
头 数	z_1	1
轴向压力角	α	20°
齿顶高系数	h_{a1}^*	1
螺旋方向		右旋
导 程	P_x	25.12
导程角	γ	5°42′38″
配对蜗轮	图号	03-18
	齿数 z_2	40
精度等级		8c GB/T 10095.1—2008
公差组	检验项目	公差或极限偏差
II	f_{px}	±0.025
	f_{pxL}	0.045
III	f_{f1}	0.040
法向齿厚及偏差		$12.504^{-0.29}_{-0.2}$

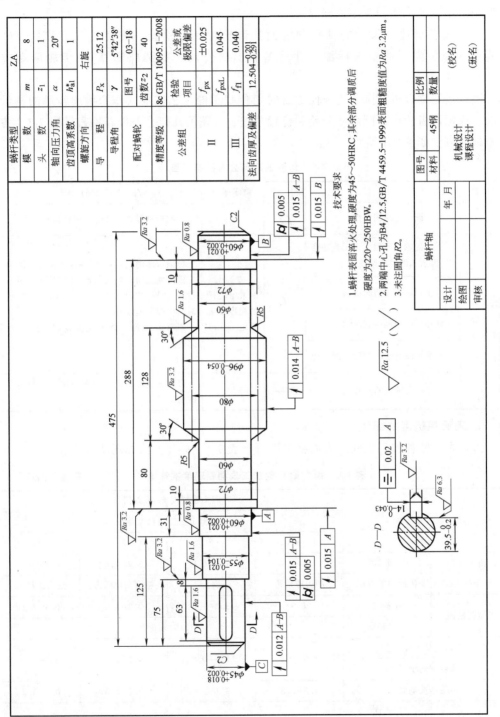

技术要求

1. 蜗杆表面淬火处理,硬度为45~50HRC,其余部分调质后硬度为220~250HBW。
2. 两端中心孔为B4/12.5,GB/T 4459.5—1999表面粗糙度值为Ra 3.2μm。
3. 未注圆角R2。

$\sqrt{Ra\,12.5}$ ($\sqrt{}$)

			机械设计课程设计	
		图号		(校名)
		材料	45钢	(班名)
		比例		
		数量		
蜗杆轴				年 月
设计				
绘图				
审核				

图 7-6 蜗杆轴零件工作图

笔 记

基本尺寸，应加以标注；齿顶圆直径、轴孔直径、轮毂直径、轮辐（或腹板）等是齿轮生产加工中不可缺少的尺寸，均必须标注。其他如圆角、倒角、锥度、键槽等尺寸，应做到既不重复标注，又不遗漏。

（2）公差标注 齿轮的轴孔和端面是齿轮加工、检验、安装的重要依据。轴孔直径应按装配图的要求标注尺寸公差和形状公差（如圆柱度等）。齿轮两端应标注位置公差。

圆柱齿轮常以齿顶圆作为齿面加工时定位找正的工艺基准或作为检验齿厚的测量基准，应标注齿轮齿顶圆尺寸公差和位置公差，齿轮的几何公差推荐项目见表7-3，各公差标注方法如图7-7所示。

表7-3 齿轮的几何公差推荐项目

内 容	项 目	符 号	精度等级	对工作性能的影响
形状公差	与轴配合孔的圆柱度	$\not O$	7~8	影响传动零件与轴配合的松紧及对中性
跳动公差和位置公差	圆柱齿轮以齿顶圆为工艺基准时，齿顶圆的径向圆跳动	/	按齿轮、蜗轮、蜗杆的精度等级确定	影响齿厚的测量精度，并在切齿时产生相应的齿圈径向圆跳动误差，使零件加工中心位置与设计位置不一样，引起分齿不均，同时会引起齿向误差
	蜗轮顶圆的径向圆跳动			
	蜗杆顶圆的径向圆跳动			
	基准端面对轴线的轴向圆跳动			影响齿面载荷分布及齿轮副间隙的均匀性
	键槽对孔轴线的对称度	$=$	8~9	影响键与键槽受载的均匀性及其装拆时的松紧

3. 表面粗糙度的标注

齿轮类零件各加工表面的表面粗糙度可查表7-4，标注方法如图7-7所示。

表7-4 齿（蜗）轮加工表面粗糙度推荐值 （单位：μm）

加 工 表 面		表面粗糙度 Ra 推荐值			
		齿轮第Ⅱ公差组精度等级			
		6	7	8	9
轮齿工作面（齿面）	Ra 推荐值	0.8~0.4	1.6~0.8	3.2~1.6	6.3~3.2
	齿面加工方法	磨齿或珩齿	剃齿	精滚或精插齿	滚齿或铣齿
齿顶圆柱面	作基准	1.6	3.2~1.6	3.2~1.6	6.3~3.2
	不作基准	12.5~6.3			
齿轮基准孔		1.6~0.8	1.6~0.8	3.2~1.6	6.3~3.2
齿轮轴的轴颈					
齿轮基准端面		1.6~0.8	3.2~1.6	3.2~1.6	6.3~3.2
平键键槽	工作面	3.2~6.3			
	非工作面	6.3~12.5			
其他加工表面		6.3~12.5			

笔记

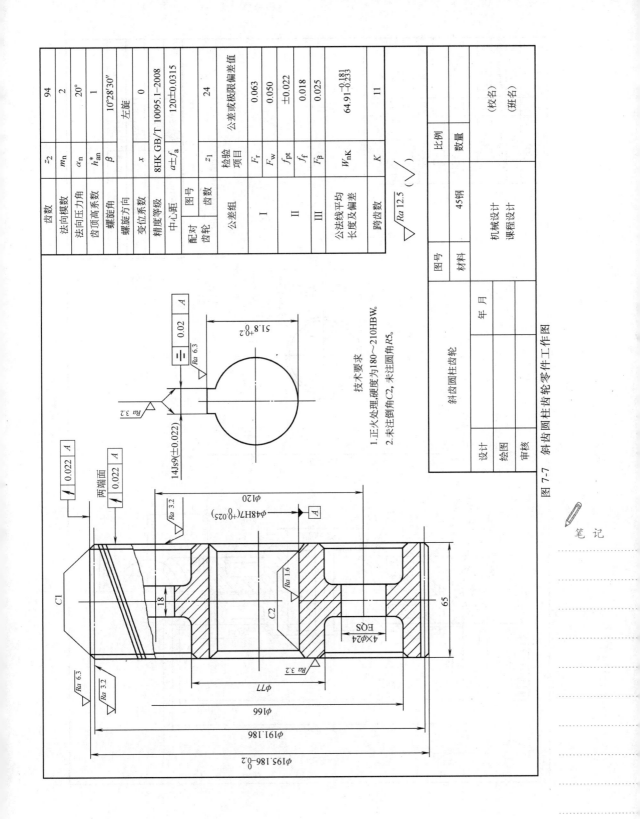

图 7-7　斜齿圆柱齿轮零件工作图

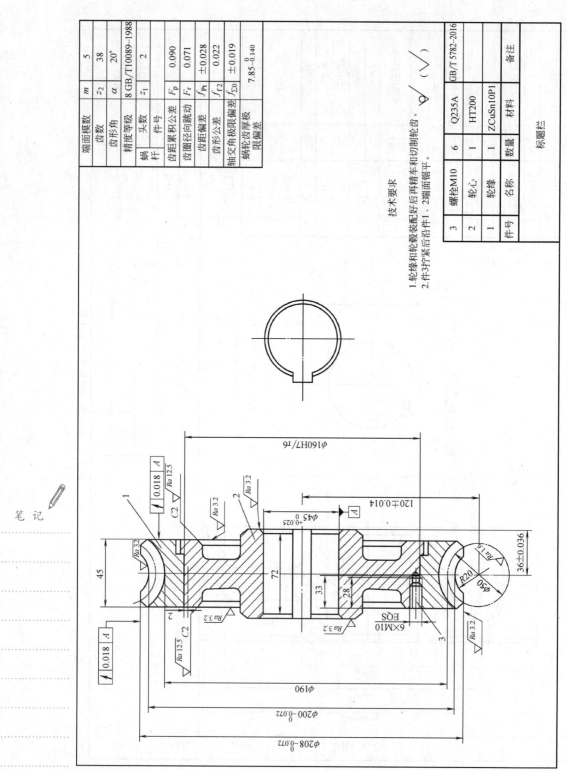

端面模数	m	5
齿数	z_2	38
齿形角	α	$20°$
精度等级	8 GB/T10089—1988	
蜗杆 头数	z_1	2
件号		
齿距累积公差	F_p	0.090
齿圈径向跳动	F_r	0.071
齿距偏差	f_{Pt}	±0.028
齿形公差	f_{f2}	0.022
轴交角极限偏差	$f_{\Sigma 0}$	±0.019
蜗轮齿厚极限偏差		$7.85^{0}_{-0.140}$

技术要求

1. 轮缘和轮毂装配好后再精车和切削制轮齿。
2. 件3拧紧后沿件1、2端面锯平。

$\sqrt{}$ $(\sqrt{})$

件号	名称	数量	材料	备注
3	螺栓M10	6	Q235A	GB/T 5782—2016
2	轮心	1	HT200	
1	轮缘	1	ZCuSn10P1	
				标题栏

图 7-8 蜗轮工作图

4. 啮合特性表

在齿（蜗）轮零件工作图的右上角应列出啮合特性表（见图 7-7）。其中包括：齿轮基本参数（z、m_n、α_n、β、x 等），精度等级，相应检验项目及偏差和公差（如 F_r 和 F_W，f_{pt} 和 f_f，F_β）。若需检验齿厚，则应画出其法面齿形，并注明齿厚数值及齿厚偏差。

5. 技术要求

技术要求内容包括对材料、热处理、加工（如未注明的倒角、圆角半径）、齿轮毛坯（锻件、铸件）等方面的要求。对于大齿轮或高速齿轮，还应考虑平衡试验的要求。

图 7-8 所示为蜗轮组件工作图。

图 7-9 所示为蜗轮轮芯零件工作图。

图 7-10 所示为蜗轮轮缘零件工作图。

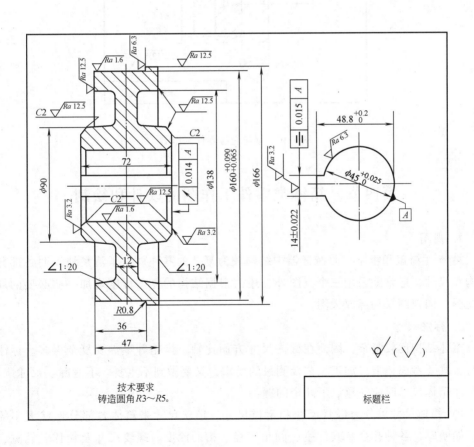

图 7-9　蜗轮轮芯零件工作图

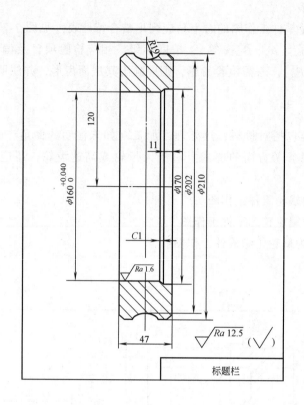

图 7-10　蜗轮轮缘零件工作图

第四节　箱体类零件工作图的设计和绘制

1. 视图

箱体（箱盖和箱座）是减速器中结构较为复杂的零件。为了清楚地表明各部分的结构和尺寸，通常除采用三个视图外，还需根据结构的复杂程度增加一些必要的局部剖视图、向视图及局部放大图。

2. 标注尺寸

箱体结构比较复杂，因而在标注尺寸方面比轴、齿轮等零件要复杂得多。标注尺寸时，既要考虑铸造、加工工艺及测量的要求，又要做到不重复、不遗漏、尺寸醒目。在标注箱体尺寸时应注意以下几个问题：

1）箱体尺寸可分为形状尺寸和定位尺寸。形状尺寸是箱体各部分形状大小的尺寸，如壁厚、各种孔径及其深度、圆角半径、槽的深度、螺纹尺寸及箱体长、宽、高等。这类尺寸应直接标注出，而不应含有任何的运算。

定位尺寸是确定箱体各部位相对于基准的位置尺寸。如孔的中心线、曲线的中心位置及其他有关部位的平面等与基准的距离。定位尺寸都应从基准（或辅助基准）直接标注。

2）要选好基准。最好采用加工基准作为标注尺寸的基准，这样便于加工和测量。如箱座或箱盖的高度方向尺寸最好以剖分面（加工基准面）为基准。

3）对于影响机器工作性能的尺寸应直接标出，以保证加工准确性。如箱体孔的中心距及其偏差按齿轮中心距极限偏差注出。

4）标注尺寸要考虑铸造工艺特点。箱体一般为铸件，因此标注尺寸要便于木模制作。木模常由许多基本形体拼接而成，在基本形体的定位尺寸标出后，其形状尺寸则以自己的基准标注。所有的圆角、倒角尺寸及铸件的起模斜度等都应标出，也可在技术要求中加以说明。

5）配合尺寸都应标出其偏差。标注尺寸时应避免出现封闭尺寸链。

3. 标注几何公差

箱体几何公差推荐标注项目见表7-5。

表7-5 箱体几何公差推荐标注项目

内容	项 目	符 号	精度等级	对工作性能的影响
形状公差	轴承座孔圆柱度	⌭	G级轴承选6~7级	影响箱体与轴承的配合性及对中性
	箱体剖分面的平面度	▱	7~8级	
方向公差和位置公差	轴承座孔的中心线对其端面的垂直度	⊥	G级轴承选7级	影响轴承固定及轴向受载的均匀性
	轴承座孔中心线对箱体剖分面在垂直平面上的位置度	⊕	公差值≤0.3mm	影响镗孔精度和轴系装配。影响传动件的传动平稳性及载荷分布的均匀性
	轴承座孔中心线相互间的平行度	//	以轴承支点跨距代替齿轮宽度，根据轴线平行度公差及齿向公差值查出	影响传动件的传动平稳性及载荷分布的均匀性
	锥齿轮减速器及蜗杆减速器的轴承孔中心线相互间的垂直度	⊥	根据齿轮和蜗轮精度确定	
	两轴承中心线的同轴度	◎	7~8级	影响减速器的装配及传动零件的载荷分布均匀性

4. 表面粗糙度

箱体的表面粗糙度推荐值见表7-6。

笔记

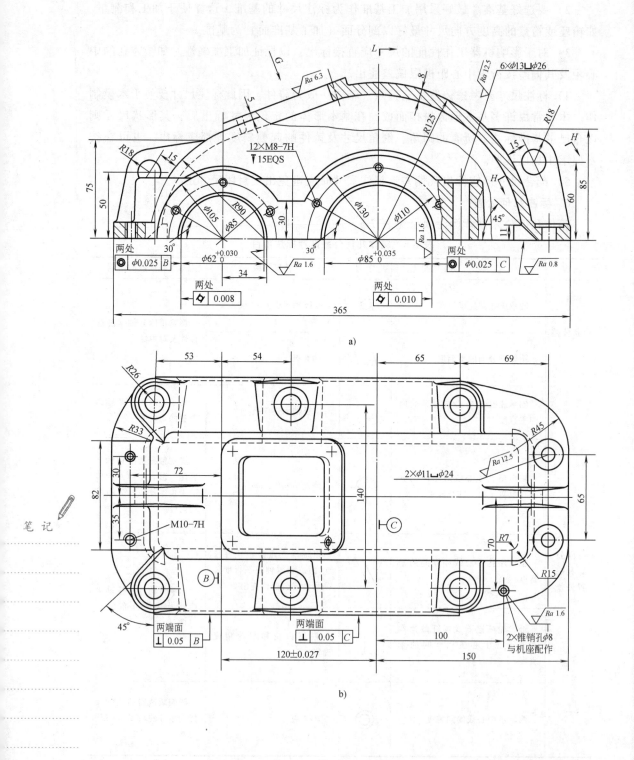

a)

b)

图 7-11 减速器箱盖

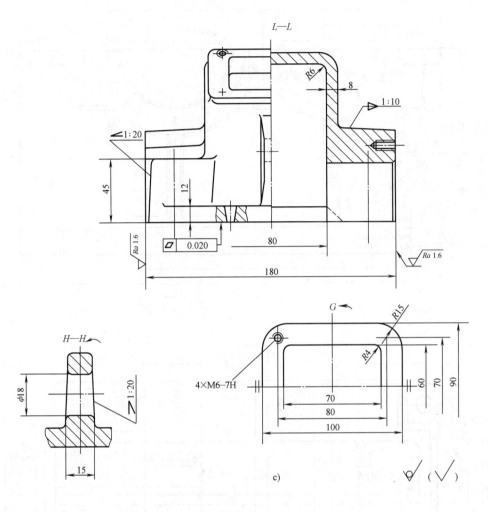

c)

技 术 要 求

1. 箱盖铸成后，应清理并进行时效处理。

2. 箱盖和箱座合箱后，边缘应平齐，相互错位不大于 2mm。

3. 应检查与箱座结合面的密封性，用 0.05mm 塞尺塞入深度不得大于结合面宽度的 1/3。用涂色法检查接触面积达一个斑点/cm^2。

4. 与箱座联接后，打上定位销进行镗孔，镗孔时结合面处禁放任何衬垫。

5. 轴承孔中心线对剖分面的位置度公差为 0.3mm。

6. 两轴承孔中心线在水平面内的轴线平行度公差为 0.020mm，两轴承孔中心线在垂直面内的轴线平行度公差为 0.010mm。

7. 机械加工未注公差尺寸的公差等级为 GB/T 1804—2000—m。

8. 未注明的铸造圆角半径 R = 3~5mm。

9. 加工后应清除污垢，内表面涂漆，不得漏油。

零件工作图

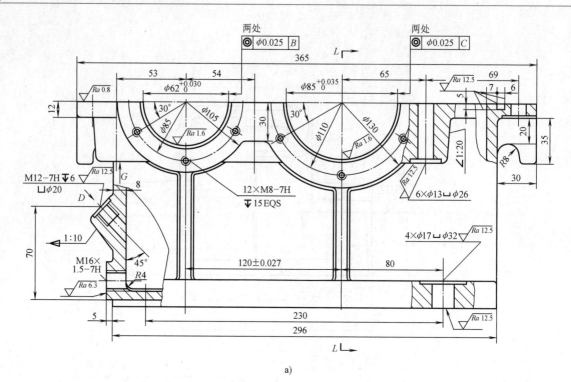

a)

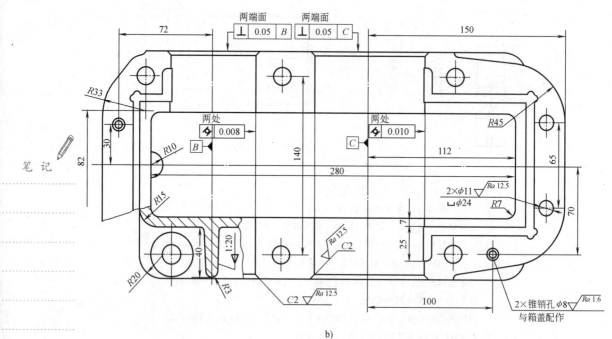

b)

图 7-12　减速器箱座

笔记

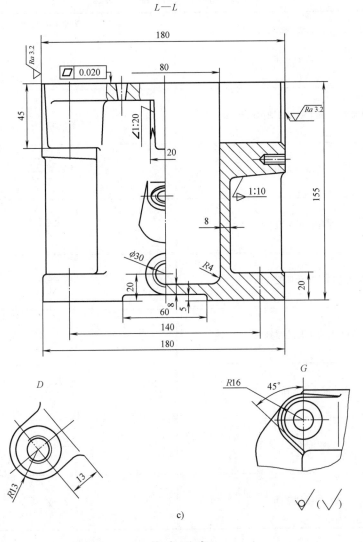

c)

技 术 要 求

1. 箱座铸成后，应清理并进行时效处理。

2. 箱盖和箱座合箱后，边缘应平齐，相互错位不大于 2mm。

3. 应检查与箱座结合面的密封性，用 0.05mm 塞尺塞入深度不得大于结合面宽度的 1/3。用涂色法检查接触面积达一个斑点/cm^2。

4. 与箱座联接后，打上定位销进行镗孔，镗孔时结合面处禁放任何衬垫。

5. 轴承孔中心线对剖分面的位置度公差为 0.3mm。

6. 两轴承孔中心线在水平面内的轴线平行度公差为 0.020mm，两轴承孔中心线在垂直面内的轴线平行度公差为 0.010mm。

7. 机械加工未注公差尺寸的公差等级为 GB/T 1804—2000—m。

8. 未注圆角 R3~R5。

9. 加工后应清除污垢，内表面涂漆，不得漏油。

零件工作图

笔 记

表 7-6　箱体的表面粗糙度推荐值

表　　　面	表面粗糙度 Ra
减速器剖分面	3.2／ ～ 1.6／
与滚动轴承(G级)配合的轴承座孔(D)	1.6／ ($D\leqslant80$mm)　3.2／ ($D>80$mm)
轴承座外端面	6.3／ ～ 3.2／
螺栓孔沉头座	12.5／
与轴承端盖及套杯配合的孔	3.2／
油沟及检查孔的接触面	12.5／
减速器底面	12.5／
圆锥销孔	3.2／ ～ 1.6／
铸、焊毛坯表面	～／

5. 技术要求

技术要求应包括下列内容：

1）剖分面上的定位销孔加工，应将箱座和箱盖固定后配钻、配铰。

2）剖分面上的螺栓孔用模板分别在箱座和箱盖上钻孔，也可采用箱座和箱盖一起配钻。

3）箱座与箱盖的轴承孔应用螺栓联接起来并装入定位销后镗孔。

4）时效处理及清砂，天然时效不少于6个月。

5）铸件不得有裂纹和超过规定的缩孔。

6）箱体内表面用煤油清洗，并涂防腐漆。

7）铸件的圆角及斜度。

图 7-11 所示为减速器箱盖零件工作图。

图 7-12 所示为减速器箱座零件工作图。

第八章

编写设计计算说明书及准备答辩

第一节　设计计算说明书的内容

设计计算说明书作为产品设计的重要技术文件之一，是图样设计的基础和理论依据，也是进行设计审核的依据。因此，编写设计计算说明书是设计工作的重要环节之一。对于课程设计来说，设计计算说明书是反映设计思想、设计方法以及设计结构等的主要手段，是评判课程设计质量的重要资料。

设计计算说明书是审核设计是否合理的技术文件之一，主要在于说明设计的正确性，故不必写出全部分析、运算和修改过程。但要求分析方法正确，计算过程完整，图形绘制规范，语句叙述通顺，文字缮写清晰。

设计计算说明书的内容视设计对象而定，以减速器为主的传动装置设计主要包括以下内容：

1. 目录（标题、页次）

2. 设计任务书

3. 确定传动方案（对方案的简要说明及传动装置简图）

4. 选择电动机、传动系统的运动和动力参数（包括电动机功率及转速、电动机型号、总传动比及各级传动比、各轴的转速、功率和转矩）的选择和计算

5. 传动零件的设计计算（确定传动件的主要参数和尺寸）

6. 轴的结构设计及强度校核（初估轴径、结构设计及强度校核）

7. 键联接的选择及强度校核

8. 滚动轴承的类型、代号选择及寿命计算

9. 润滑与密封的选择（润滑、密封的方式及选择原则，可附必要的说明）

10. 箱体及附件的设计（主要结构尺寸的设计与计算）

11. 热平衡计算（只限于蜗杆减速器）

12. 设计小结（设计体会，设计的优、缺点及改进意见等）

13. 参考资料（资料编号〔 〕、书名、作者、出版单位、出版时间）

第二节 编写设计计算说明书的要求和注意事项

编写设计计算说明书应准确、简要地说明设计中所考虑的主要问题和全部计算项目，并要注意以下几点：

1) 计算部分只列出计算公式，代入有关数据，略去计算过程，直接得出计算结果。要求字体工整、文字简明通顺、书写整齐清晰、计算正确。

2) 为了清楚地说明计算内容应附必要的简图（如传动方案简图、轴的结构、受力、弯矩和转矩图及轴承组合形式简图等）。

3) 对于重要的公式和数据应注明来源（参考资料的编号和页次），对于重要计算结果，写出简短的结论（如"强度足够""在允许范围内"等）。

4) 全部计算过程中所采用的符号、脚标等应前后一致，各参量的数值要标明单位，且单位要统一。

5) 计算说明书用A4纸编写，必须用钢笔、圆珠笔、中性笔（不得用铅笔或彩色笔）书写，应标出编号目录及页次，并装订成册，封面格式如图8-1所示。书写格式一般有两种，示例如下：

格式一

设计项目	计算及说明	主要结果
1. 选择齿轮材料、确定许用应力	因本传动装置传递的功率不大，无特殊要求，故齿轮材料可选用价格便宜、货源充足、加工方便的优质碳素钢，软齿面 小齿轮 45钢 调质 $HBW_1 = 240HBW$ 大齿轮 45钢 正火 $HBW_2 = 210HBW$ 接触疲劳极限 240HBW 查得 $\sigma_{Hlim1} = 590MPa$ 　　　　　　 210HBW 查得 $\sigma_{Hlim2} = 560MPa$ 许用接触应力 $[\sigma_H]_1 = 0.9\sigma_{Hlim1} = 0.9 \times 590MPa = 531MPa$ 　　　　　 $[\sigma_H]_2 = 0.9\sigma_{Hlim1} = 0.9 \times 560MPa = 504MPa$ 弯曲疲劳极限 240HBW 查得 $\sigma_{Flim1} = 225MPa$ 　　　　　　 210HBW 查得 $\sigma_{Flim2} = 210MPa$ 许用弯曲应力 $[\sigma_F]_1 = 0.7\sigma_{Flim1} = 0.7 \times 225MPa = 157.5MPa$ 　　　　　 $[\sigma_F]_2 = 0.7\sigma_{Hlim1} = 0.7 \times 210MPa = 147MPa$	$HBW_1 = 240HBW$ $HBW_2 = 210HBW$ $[\sigma_H]_1 = 531MPa$ $[\sigma_H]_2 = 504MPa$ $[\sigma_F]_1 = 157.5MPa$ $[\sigma_F]_2 = 147MPa$
2. 按齿面接触疲劳强度计算	$T_1 = 9550P/n_1 = 9550 \times 4/960 N \cdot m = 39.79N \cdot m$ $K = 1.2$ $d_1 \geqslant 195.1\sqrt[3]{\dfrac{KT_1}{i[\sigma_H]^2}} = 195.1\sqrt[3]{\dfrac{1.2 \times 39.4 \times 10^3}{3 \times 504^2}}mm = 77.24mm$	$d_1 = 77.24mm$
3. 确定齿数、计算主要尺寸	选择齿数　　　　　　$z_1 = 19$ 　　　　　　$z_2 = z_{1i} = 19 \times 3 = 57$ 确定模数　　$m = d_1/z_1 = 77.24/19mm = 4mm$ 分锥角　　$\delta_2 = \arctan z_2/z_1 = \arctan 7/19 = 71°33'54''$ 　　　$\delta_1 = 90° - \delta_2 = 90° - 71°33'54'' = 18°26'06''$ 分度圆直径　　$d_1 = mz_1 = 4 \times 19mm = 76mm$ 　　　$d_2 = mz_2 = 4 \times 57mm = 228mm$ 锥距　$R = m\sqrt{(z_1^2 + z_2^2)}/2 = 4 \times \sqrt{19^2 + 57^2}/2mm = 120.17mm$ 齿宽　　$b \leqslant R/3 = 120.17/3mm = 40.06mm$ 取　　　　$b = 40mm$	$z_1 = 19$ $z_2 = 57$ $m = 4mm$ $\delta_1 = 18°26'06''$ $\delta_2 = 71°33'54''$ $d_1 = 76mm$ $d_2 = 228mm$ $R = 120.17mm$ $b = 40mm$

笔记

格式二

计算及说明	主要结果
1. 选择齿轮材料,确定许用应力	
因本传动装置传递的功率不大,无特殊要求,故齿轮材料可选用价格便宜、货源充足、加工方便的优质碳素钢,软齿面	
小齿轮　45 钢　调质　$HBW_1 = 240HBW$	$HBW_1 = 240HBW$
大齿轮　45 钢　正火　$HBW_2 = 210HBW$	$HBW_2 = 210HBW$
接触疲劳极限　240HBW 查得　$\sigma_{Hlim1} = 590MPa$	
210HBW 查得　$\sigma_{Hlim2} = 560MPa$	
许用接触应力 $[\sigma_H]_1 = 0.9\sigma_{Hlim1} = 0.9 \times 590MPa = 531MPa$	$[\sigma_H]_1 = 531MPa$
$[\sigma_H]_2 = 0.9\sigma_{Hlim1} = 0.9 \times 560MPa = 504MPa$	$[\sigma_H]_2 = 504MPa$
弯曲疲劳极限　240HBW 查得　$\sigma_{Flim1} = 225MPa$	
210HBW 查得　$\sigma_{Flim2} = 210MPa$	
许用弯曲应力 $[\sigma_F]_1 = 0.7\sigma_{Flim1} = 0.7 \times 225MPa = 157.5MPa$	$[\sigma_F]_1 = 157.5MPa$
$[\sigma_F]_2 = 0.7\sigma_{Hlim1} = 0.7 \times 210MPa = 147MPa$	$[\sigma_F]_2 = 147MPa$
2. 按齿面接触疲劳强度计算主要尺寸	
$T_1 = 9550P/n_1 = 9550 \times 4/960 N \cdot m = 39.79 N \cdot m$	
$K = 1.2$	
$d_1 \geq 195.1 \sqrt[3]{\dfrac{KT_1}{i[\sigma_H]^2}} = 195.1 \sqrt[3]{\dfrac{1.2 \times 39.4 \times 10^3}{3 \times 504^2}} mm = 77.24mm$	$d_1 = 77.24mm$
3. 确定齿数、计算主要尺寸	
选择齿数　　　　　　　　　$z_1 = 19$	$z_1 = 19$
$z_2 = z_1 i = 19 \times 3 = 57$	$z_2 = 57$
确定模数　$m = d_1/z_1 = 77.24/19mm = 4mm$	$m = 4mm$
分锥角　　　　$\delta_1 = 90° - \delta_2 = 90° - 71°33'54'' = 18°26'06''$	$\delta_1 = 18°26'06''$
$\delta_2 = \arctan z_2/z_1 = \arctan 57/19 = 71°33'54''$	$\delta_2 = 71°33'54''$
分度圆直径　$d_1 = mz_1 = 4 \times 19mm = 76mm$	$d_1 = 76mm$
$d_2 = mz_2 = 4 \times 57mm = 228mm$	$d_2 = 228mm$
锥距　$R = m\sqrt{(z_1^2 + z_2^2)}/2 = 4 \times \sqrt{19^2 + 57^2}/2mm = 120.17mm$	$R = 120.17mm$
齿宽　　　　　　$b \leq R/3 = 120.17/3mm = 40.06mm$	
取　　　　　　　　　　　$b = 40mm$	$b = 40mm$

笔记

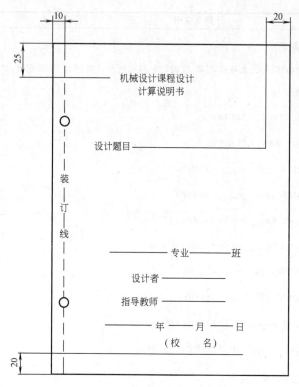

图 8-1　设计说明书封面

第三节　准 备 答 辩

答辩是课程设计的最后一个环节，是检查学生实际掌握知识的情况和设计的成果，评定学生课程设计成绩的一个重要方面，是对整个设计过程的总结和必要的检查。通过答辩准备和答辩，可以对所做设计的优缺点做较全面的分析，发现存在的问题，提高分析和解决工程实际问题的能力。课程设计答辩是学习阶段的第一次比较大型的答辩，通过答辩，让学生知道如何答辩和答辩时应注意什么问题，对学生也是一次很好的学习机会。

在答辩前，应做好以下工作：

1）按要求完成规定的设计任务，将设计图样叠好，叠图时将装订边留出，叠图形式如图 8-2 所示，零件图和装配图应叠为一样大小，说明书装订好，是否将图样和说明书装订在一起，由指导教师确定。

2）答辩前，应认真整理和检查全部图样和说明书，进行系统、全面的回顾和总结。搞清楚设计中的每一个数据、公式的使用，弄懂图样上的结构设计问题，每一线条的画图依据以及技术要求的其他问题。做好总结可以把还不懂或尚未考虑的问题搞懂、弄透，以取得更大的收获，更好地达到课程设计的目的和要求。

答辩形式有个别答辩和集体答辩两种，具体形式和时间安排由指导教师确定。

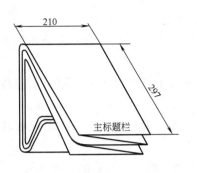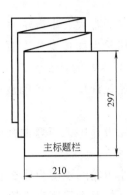

图 8-2　设计图折叠形式

　　课程设计的成绩应根据设计图样、计算说明书和答辩过程中回答问题的情况，同时参考设计过程中的平时表现综合来评定。

第四节　答辩思考题

　　（1）电动机转速的高低对传动方案有何影响？

　　（2）机械传动装置的总效率如何计算？确定总效率时要注意哪些问题？

　　（3）分配传动比的原则有哪些？传动比的分配对总体方案有何影响？工作机转速与实际转速间的误差应如何处理？

　　（4）传动装置中各相邻轴间的功率、转速、转矩关系如何？

　　（5）同一轴的功率 P、转矩 T、转速 n 之间有何关系？你所设计的减速器中各轴上的功率 P、转矩 T、转速 n 是如何确定的？

　　（6）你所设计的减速器的总传动比是如何确定和分配的？

　　（7）带传动、链传动、齿轮传动和蜗杆传动等应如何布置？为什么？

　　（8）设计时为何通常先进行装配草图设计？减速器装配草图设计包括哪些内容？绘制装配草图前应做哪些准备工作？

　　（9）在闭式齿轮传动的设计参数和几何尺寸中，哪些应取标准值？哪些应该圆整？哪些必须精确计算？

　　（10）齿轮的材料、加工工艺的选择和齿轮尺寸之间有何关系？什么情况下齿轮应与轴制成一体？

　　（11）斜齿圆柱齿轮传动的中心距应如何圆整？圆整后，应如何调整 m、z 和 β 等参数？

　　（12）在传动装置设计中，影响带传动、闭式齿轮传动、开式齿轮传动、链传动、蜗杆传动承载能力的主要因素是什么？

　　（13）你所设计齿轮减速器的模数 m 和齿数 z 是如何确定的？为什么低速级齿轮的模数大于高速级。

　　（14）在进行齿轮传动设计时，如何选择齿宽系数 ψ_d？如何确定大、小轮齿的宽

笔 记

度 b_1 与 b_2？

（15）为什么通常大、小齿轮的宽度不同，且 $b_1 > b_2$？

（16）影响齿轮齿面接触疲劳强度的主要参数是什么？影响齿根弯曲疲劳强度的主要几何参数是什么？为什么？

（17）在齿轮设计中，当接触疲劳强度不满足要求时，可采取哪些措施提高齿轮的接触疲劳强度？

（18）在齿轮设计中，当弯曲疲劳强度不满足要求时，可采取哪些措施提高齿轮的弯曲疲劳强度？

（19）大、小齿轮的硬度为什么有差别？哪一个齿轮的硬度高？

（20）在什么情况下采用直齿轮，什么情况下采用斜齿轮？

（21）在二级圆柱齿轮减速器中，如果其中一级采用斜齿轮，那么它应该放在高速级还是低速级？为什么？如果二级均采用斜齿轮，那么中间轴上两齿轮的轮齿旋向应如何确定？为什么？

（22）在蜗杆传动中为什么要引入蜗杆直径系数 q？

（23）你所设计的蜗杆、蜗轮，其材料是如何选择的？

（24）蜗杆传动设计中如何选择蜗杆的头数 z_1？为什么蜗轮的齿数 z_2 不应小于 z_{2min}，且最好不大于 80？

（25）为什么蜗杆传动比齿轮传动效率低？蜗杆传动的效率包括几部分？

（26）蜗轮轴上滚动轴承的润滑方式有几种？你所设计的减速器上采用哪种润滑方式？蜗杆轴上的滚动轴承是如何润滑的？

（27）在蜗杆传动中，蜗轮的转向如何确定？啮合点的受力方向如何确定？

（28）根据你的设计，谈谈为什么采用蜗杆轴上置（或下置）的结构形式？

（29）蜗杆传动的散热面积不够时，可采用哪些措施解决散热问题？

（30）轴的强度计算方法有哪些？如何确定轴的支点位置和传动零件上力的作用点？

笔记

（31）轴的外伸长度如何确定？如何确定各轴段的直径和长度？

（32）如何保证轴上零件的周向固定及轴向固定？

（33）以减速器的输出轴为例，说明轴上零件的定位与固定方法。

（34）试述低速轴上零件的装拆顺序。

（35）对轴进行强度校核时，如何选取危险剖面？

（36）角接触轴承为什么要成对使用？

（37）角接触轴承的布置方式有哪些？组合轴承支承应用于什么情况？润滑条件如何保证？

（38）滚动轴承的寿命不能满足要求时，应如何解决？

（39）键在轴上的位置如何确定？键联接设计中应注意哪些问题？

（40）键联接如何工作？单键不能满足设计要求时应如何解决？

（41）轴承盖有哪几种类型？各有什么特点？

（42）伸出轴与端盖间的密封件有哪几种？你在设计中选择了哪种密封件？选择

的依据是什么？

（43）轴承端盖起什么作用？有哪些形式？各部分尺寸如何确定？

（44）轴承采用脂润滑时为什么要用挡油环？挡油环为什么要伸出箱体内壁？

（45）调整垫片的作用是什么？它的材料为什么多采用 08F？

（46）箱体上同一根轴的轴承座孔为什么要设计成一样大小？

（47）圆锥滚子轴承的压力中心为什么不通过轴承宽度的中点？

（48）轴承在轴上如何安装和拆卸？在设计轴的结构时如何考虑轴承的装拆？

（49）为什么在两端固定式的轴承组合设计中要留有轴向间隙？对轴承轴向间隙的要求如何在装配图中体现？

（50）你在轴承组合的设计中采用了哪种支承结构形式？为什么？

（51）设计轴时，对轴肩（或轴环）的高度及圆角半径有什么要求？

（52）如何保证小锥齿轮轴的支承刚度？

（53）如何选择滚动轴承的类型？轴承在轴承座孔中的位置应如何确定？何时在设计中使用轴承套杯，其作用是什么？

（54）套杯和端盖间的垫片起什么作用？

（55）轴承端盖与箱体之间所加垫片的作用是什么？

（56）设计轴承座旁的联接螺栓凸台时应考虑哪些问题？

（57）为什么箱体底面不能设计成平面？

（58）输油沟和回油沟如何加工？设计时应注意哪些问题？

（59）在设计中，传动零件的浸油深度、油池深度应如何确定？

（60）在铸造箱体设计时，如何考虑铸造工艺性和机械加工工艺性？

（61）为了保证轴承的润滑与密封，你在减速器结构设计中采取了哪些措施？

（62）毡圈密封槽为何做成梯形？

（63）减速器箱盖与箱座联接处定位销的作用是什么？销孔的位置如何确定？销孔在何时加工？

（64）启盖螺钉的作用是什么？如何确定其位置？

（65）布置减速器箱盖与箱座的联接螺栓、定位销、油标及吊耳（吊钩）的位置时应考虑哪些问题？

（66）通气器的作用是什么？应安装在哪个部位？你选用的通气器有何特点？

（67）检查孔有何作用？检查孔的大小及位置如何确定？

（68）油标的用途、种类以及位置如何确定？

（69）你所设计箱体上油标的位置是如何确定的？如何利用该油标测量箱内油面高度？

（70）放油螺塞的作用是什么？放油孔应开在哪个部位？

（71）在箱体上为什么要做出沉头座坑？沉头座坑如何加工？

（72）如何确定箱体的中心高？如何确定剖分面凸缘和底座凸缘的宽度和厚度？

（73）试述螺栓联接的防松方法。在你的设计中采用了哪种方法？

（74）减速器中哪些部位需要密封？如何保证？

（75）装配图的作用是什么？应标注哪几类尺寸？为什么？

（76）如何选择减速器主要零件的配合？传动零件与轴、滚动轴承与轴及轴承座孔的配合和精度等级应如何选择？

（77）装配图上的技术要求主要包括哪些内容？

（78）滚动轴承在安装时为什么要留有轴向游隙？该游隙应如何调整？

（79）为何要检查传动件的齿面接触斑点？它与传动精度的关系如何？传动件的侧隙如何测量？

（80）减速器中哪些零件需要润滑？润滑剂和润滑方式如何选择？结构上如何实现？

（81）在减速器剖分面处为什么不允许使用垫片？如何防止漏油？

（82）明细栏的作用是什么？应填写哪些内容？

（83）零件图的作用和设计内容有哪些？

（84）标注尺寸时如何选择基准？

（85）轴的表面粗糙度和几何公差对轴的加工精度和装配质量有何影响？

（86）如何选择齿轮类零件的误差检验项目？误差检验项目与齿轮精度的关系如何？

（87）在课程设计中，你的最大收获是什么？课程设计在哪些方面还需要改进？

笔记

附　　录

附录 A　设计计算说明书示例
机械零件课程设计任务书

设计题目：用于带式输送机的单级圆柱齿轮减速器

设计要求：连续单向运转，两班制工作，载荷变化不大，空载起动，室内工作有粉尘，输送带速允许有 5% 的误差。

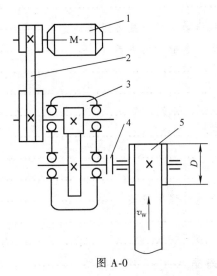

图 A-0

1—电动机　2—带传动　3—减速器　4—联轴器　5—带式输送机

原始数据：

已 知 条 件	数 据
输送带工作拉力	$F_w = 2.6\text{kW}$
输送带速度	$v_w = 1.4\text{m/s}$
卷筒轴直径	$D = 360\text{mm}$

目　　录

一、确定传动方案 ··· 125

二、选择电动机并确定传动参数 ··· 125

　（1）选择电动机 ··· 125

　（2）计算传动装置的总传动比并分配各级传动比 ························· 126

　（3）计算传动装置的运动参数和动力参数 ······························· 126

三、传动零件的设计计算 ··· 127

　（1）普通 V 带传动 ··· 127

　（2）圆柱齿轮设计 ··· 129

四、低速轴的结构设计 ··· 131

　（1）轴的结构设计 ··· 131

　（2）确定各轴段的尺寸 ··· 132

　（3）按扭转和弯曲组合进行强度校核 ····································· 133

五、高速轴的结构设计 ··· 135

六、键的选择及强度校核 ··· 136

七、选择轴承及计算轴承寿命 ··· 136

八、选择轴承润滑与密封方式 ··· 139

九、箱体及附件的设计 ··· 139

　（1）箱体的选择 ··· 139

　（2）选择轴承端盖 ··· 139

　（3）确定检查孔与孔盖 ··· 139

　（4）通气器 ··· 139

　（5）油标装置 ··· 139

　（6）螺塞 ··· 139

　（7）定位销 ··· 139

　（8）起吊装置 ··· 139

十、设计小结 ··· 139

十一、参考书目 ··· 139

笔 记

设计项目	计算及说明	主要结果
一、确定传动方案	机械传动装置一般由原动机、传动装置、工作机和机架四部分组成。带式输送机由带传动和齿轮传动组成,根据各种传动的特点,带传动安排在高速级,齿轮传动放在低速级。传动装置的布置如图 A-1 所示 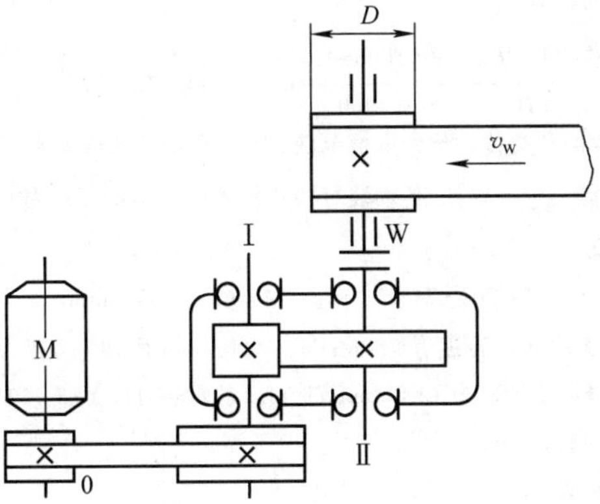 图 A-1	
二、选择电动机并确定传动参数 （1）选择电动机	1）选择电动机类型和结构形式 根据工作要求和条件,选用一般用途的 YE3 系列三相异步电动机,结构形式为卧式封闭结构 2）确定电动机功率 工作机所需的功率 $P_{\mathrm{w}}(\mathrm{kW})$ 按下式计算 $$P_{\mathrm{w}}=\frac{F_{\mathrm{w}}v_{\mathrm{w}}}{1000\eta_{\mathrm{w}}}$$ 式中,$F_{\mathrm{w}}=2600\mathrm{N}$,$v_{\mathrm{w}}=1.4\mathrm{m/s}$,带式输送机的效率 $\eta_{\mathrm{w}}=0.95$,代入上式得 $$P_{\mathrm{w}}=\frac{2600\times1.4}{1000\times0.95}\mathrm{kW}=3.83\mathrm{kW}$$ 电动机所需功率 $P_{0}(\mathrm{kW})$ 按下式计算 $$P_{0}=\frac{P_{\mathrm{w}}}{\eta}$$ 式中,η 为电动机到滚筒工作轴的传动装置总效率,根据传动特点,由表 3-4 查得:V 带传动 $\eta_{带}=0.96$,一对齿轮传动 $\eta_{齿轮}=0.97$,一对滚动轴承 $\eta_{轴承}=0.99$,弹性联轴器 $\eta_{联轴器}=0.99$,因此总效率 $\eta=\eta_{带}\,\eta_{齿轮}\,\eta_{轴承}^{2}\,\eta_{联轴器}$,即 $$\eta=\eta_{带}\ \eta_{齿轮}\ \eta_{轴承}^{2}\ \eta_{联轴器}=0.96\times0.97\times0.99^{2}\times0.99=0.904$$	$P_{\mathrm{w}}=3.83\mathrm{kW}$

笔 记

（续）

设计项目	计算及说明	主要结果
	$P_0 = \dfrac{P_w}{\eta} = \dfrac{3.83}{0.904} \text{kW} = 4.24 \text{kW}$ 确定电动机额定功率 $P_m (\text{kW})$，使 $P_m = (1 \sim 1.3) P_0 = (1 \sim 1.3) \times 4.24 \text{kW} =$ $4.24 \sim 5.51 \text{kW}$，查表 3-1 取 $P_m = 5.5 \text{kW}$ 3）确定电动机转速 工作机卷筒轴的转速 n_w 为 $n_w = \dfrac{60 \times 1000 v_w}{\pi D} = \dfrac{60 \times 1000 \times 1.4}{\pi \times 360} \text{r/min} = 74.27 \text{r/min}$ 根据表 3-3 推荐的各类传动比的取值范围，取 V 带传动的传动比 $i_{带} = 2 \sim$ 4，一级齿轮减速器 $i_{齿轮} = 3 \sim 5$，传动装置的总传动比 $i_{总} = 6 \sim 20$，故电动机 的转速可取范围为 $n_m = i_{总} \, n_w = (6 \sim 20) \times 74.27 \text{r/min} = 445.62 \sim 1485.4 \text{r/min}$ 符合此转速要求的同步转速有 750r/min、1000r/min 两种，考虑综合因 素，查表 3-1，选择同步转速为 1000r/min 的 YE3 系列电动机 YE3 132M2-6， 其满载转速为 $n_m = 975 \text{r/min}$ 电动机的参数见表 A-1。 表 A-1 	型号	额定功率 /kW	满载转速 /r·min⁻¹	最大转矩 额定转矩	 |---|---|---|---| 	YE3 132M2-6	5.5	975	2.0		$P_0 = 4.24 \text{kW}$ $P_m = 5.5 \text{kW}$ $n_w = 74.27 \text{r/min}$ YE3 132M2-6 $n_m = 975 \text{r/min}$
（2）计算传动装置的总传动比并分配各级传动比	1）传动装置的总传动比为 $i_{总} = n_m / n_w = 975/74.27 = 13.13$ 2）分配各级传动比 为了符合各种传动形式的工作特点和结构紧凑，必须使各级传动比都在 各自的合理范围内，且使各自传动件尺寸协调合理匀称，传动装置总体尺 寸紧凑，重量最轻，齿轮浸油深度合理 本传动装置由带传动和齿轮传动组成，因 $i_{总} = i_{带} \, i_{齿轮}$，为使减速器部分 设计方便，取齿轮传动比 $i_{齿轮} = 4.3$，则带传动的传动比为 $i_{带} = i_{总} / i_{齿轮} = 13.13/4.3 = 3.05$	$i_{总} = 13.13$ $i_{齿轮} = 4.3$ $i_{带} = 3.05$
（3）计算传动装置的运动参数和动力参数	1）各轴转速 Ⅰ轴 $n_{\text{I}} = n_M / i_{带} = 975 \text{r/min}/3.05 = 319.67 \text{r/min}$ Ⅱ轴 $n_{\text{II}} = n_{\text{I}} / i_{齿轮} = 319.67 \text{r/min}/4.3 = 74.34 \text{r/min}$ 滚筒轴 $n_{滚筒} = n_{\text{II}} = 74.34 \text{r/min}$ 2）各轴功率 Ⅰ轴 $P_{\text{I}} = P_0 \eta_{0\text{I}} = P_0 \eta_{带} = 4.24 \text{kW} \times 0.96 = 4.07 \text{kW}$ Ⅱ轴 $P_{\text{II}} = P_{\text{I}} \eta_{\text{I II}} = P_{\text{I}} \eta_{齿轮} \, \eta_{轴承} = 4.07 \text{kW} \times 0.97 \times 0.99 = 3.91 \text{kW}$ 滚筒轴 $P_{滚筒} = P_{\text{II}} \eta_{\text{II}滚} = P_{\text{II}} \eta_{轴承} \, \eta_{联轴器} = 3.91 \text{kW} \times 0.99 \times 0.99 = 3.83 \text{kW}$ 3）各轴转矩 电动机轴　$T_0 = 9.55 \times 10^6 \dfrac{P_0}{n_m} = 9.55 \times 10^6 \dfrac{4.24}{975} \text{N} \cdot \text{mm} = 41530 \text{N} \cdot \text{mm}$ Ⅰ轴　$T_{\text{I}} = T_0 i_{0\text{I}} \eta_{0\text{I}} = T_0 i_{带} \, \eta_{带} = 41530 \times 3.05 \times 0.96 \text{N} \cdot \text{mm} = 121600 \text{N} \cdot \text{mm}$	$n_{\text{I}} = 319.67 \text{r/min}$ $n_{\text{II}} = 74.34 \text{r/min}$ $n_{滚筒} = 74.34 \text{r/min}$ $P_{\text{I}} = 4.07 \text{kW}$ $P_{\text{II}} = 3.91 \text{kW}$ $P_{滚筒} = 3.83 \text{kW}$ $T_0 = 41530 \text{N} \cdot \text{mm}$ $T_{\text{I}} = 121600 \text{N} \cdot \text{mm}$

笔记

设计项目	计算及说明	主要结果
	Ⅱ轴　$T_{Ⅱ} = T_{I} i_{IⅡ} \eta_{IⅡ} = T_{I} i_{齿轮} \eta_{齿轮} \eta_{轴承} = 121600 \times 4.3 \times 0.97 \times 0.99 \text{N} \cdot \text{mm} =$ $502122 \text{N} \cdot \text{mm}$	$T_{Ⅱ} = 502122 \text{N} \cdot \text{mm}$
	滚筒轴　$T_{滚筒} = T_{Ⅱ} i_{Ⅱ滚筒} \eta_{Ⅱ滚筒} = T_{Ⅱ} \eta_{轴承} \eta_{联轴器} = 502122 \times 0.99 \times 0.99 \text{N} \cdot \text{mm} =$ $492130 \text{N} \cdot \text{mm}$	$T_{滚筒} = 492130 \text{N} \cdot \text{mm}$

根据以上计算列出本传动装置的运动参数和动力参数数据，见表 A-2

表 A-2

参　数	轴　号			
	电动机轴	Ⅰ轴	Ⅱ轴	滚筒轴
转速 $n/(\text{r} \cdot \text{min}^{-1})$	975	319.67	74.34	74.34
功率 P/kW	4.24	4.07	3.91	3.83
转矩 $T/\text{N} \cdot \text{mm}$	41530	121600	502122	492130
传动比 i	3.01		4.3	1
效率 η	0.96		0.96	0.98

设计项目	计算及说明	主要结果
三、传动零件的设计计算	本题目高速级采用普通 V 带传动，应根据已知的减速器参数确定带的型号、根数和长度，确定带传动的中心距，初拉力及张紧装置，确定大小带轮的直径、材料、结构尺寸等内容	
（1）普通 V 带传动	带传动的计算参数见表 A-3 表 A-3 	

项目	P_0/kW	$n_{\text{m}}/\text{r} \cdot \text{min}^{-1}$	$i_{0\text{I}}$
参数	4.24	975	3.05

设计项目	计算及说明	主要结果
1）计算功率	根据工作条件，查教材表 9-6 取 $K_A = 1.2$ $\qquad P_c = K_A P_0 = 1.2 \times 4.24 \text{kW} = 5.1 \text{kW}$	$P_c = 5.1 \text{kW}$
2）选择 V 带类型	由 $n_{\text{m}} = 975 \text{r/min}$、$P_c = 5.1 \text{kW}$，查教材图 9-14，因处于 A、B 的中间区域，可同时选择 A、B 两种带型来计算，最后根据计算结果来分析选择	A、B 型带
3）确定 V 带基准直径	查教材表 9-7 可取： A 型带取 $d_{d1} = 100 \text{mm}$，取滑动率 $\varepsilon = 0.02$ $\qquad d_{d2} = i d_{d1} (1 - \varepsilon) = 3.05 \times 100 \times (1 - 0.02) \text{mm} = 298.9 \text{mm}$ 取 $d_{d2} = 315 \text{mm}$ B 型带取 $d_{d1} = 140 \text{mm}$，取滑动率 $\varepsilon = 0.02$ $\qquad d_{d2} = i d_{d1} (1 - \varepsilon) = 3.05 \times 140 \times (1 - 0.02) \text{mm} = 418.46 \text{mm}$ 取 $d_{d2} = 400 \text{mm}$	A 型带 $d_{d1} = 100 \text{mm}$ $d_{d2} = 315 \text{mm}$ B 型带 $d_{d1} = 140 \text{mm}$ $d_{d2} = 400 \text{mm}$
4）验算带速	A 型带 $\qquad v = \dfrac{\pi d_{d1} n_1}{60 \times 1000} = \dfrac{3.14 \times 100 \times 975}{60 \times 1000} \text{m/s} = 5.103 \text{m/s}$ 带速在 5～25m/s 范围内，合适 B 型带 $\qquad v = \dfrac{\pi d_{d1} n_1}{60 \times 1000} = \dfrac{3.14 \times 140 \times 975}{60 \times 1000} \text{m/s} = 7.144 \text{m/s}$	A 型带 $v = 5.103 \text{m/s}$ B 型带 $v = 7.144 \text{m/s}$

笔 记

（续）

设计项目	计算及说明	主要结果
5）确定带的基准长度 L_d 和实际中心距	A 型带 因没有给定中心距的尺寸范围，按公式 $0.7(d_{d1}+d_{d2})<a_0<2(d_{d1}+d_{d2})$ 计算中心距 290.5mm$<a_0<$830mm 取 $a_0=500$mm	A 型带 $a_0=500$mm
	B 型带 中心距范围：378mm$<a_0<$1080mm 取 $a_0=700$mm	B 型带 $a_0=700$mm
	A 型带 计算 V 带基准长度 $$L_0 \approx 2a_0 + \frac{\pi}{2}(d_{d1}+d_{d2}) + \frac{(d_{d2}-d_{d1})^2}{4a_0}$$ $$=2\times500\text{mm}+\frac{3.14\times(100+315)}{2}\text{mm}+\frac{(315-100)^2}{4\times500}\text{mm}$$ $$=1674.7\text{mm}$$ 查教材表 9-2 取标准值 $L_d=1640$mm 计算实际中心距 $$a \approx a_0 + \frac{L_d-L_0}{2}=500\text{mm}+\frac{1640-1674.7}{2}\text{mm}=465.3\text{mm}$$ 考虑安装、调整和补偿张紧力的需要，中心距应有一定的调节范围，调节范围为 $$a_{min}=a-0.015L_d=465.3\text{mm}-0.015\times1640\text{mm}=440.7\text{mm}$$ $$a_{max}=a+0.015L_d=465.3\text{mm}+0.015\times1640\text{mm}=489.9\text{mm}$$	A 型带 $L_d=1640$mm A 型带 $a=465.3$mm A 型带 $a_{min}=440.7$mm $a_{max}=489.9$mm
	B 型带 $$L_0 \approx 2a_0 + \frac{\pi}{2}(d_{d1}+d_{d2}) + \frac{(d_{d2}-d_{d1})^2}{4a_0}$$ $$=2\times700\text{mm}+\frac{3.14\times(140+400)}{2}\text{mm}+\frac{(400-140)^2}{4\times700}\text{mm}$$ $$=2271.9\text{mm}$$ 查教材表 9-2 取标准值 $L_d=2300$mm 计算实际中心距 $$a \approx a_0 + \frac{L_d-L_0}{2}=700\text{mm}+\frac{2300\text{mm}-2271.9\text{mm}}{2}=728.1\text{mm}$$ 考虑安装、调整和补偿张紧力的需要，中心距应有一定的调节范围，调节范围为 $$a_{min}=a-0.015L_d=728.1\text{mm}-0.015\times2240\text{mm}=694.5\text{mm}$$ $$a_{max}=a+0.015L_d=728.1\text{mm}+0.015\times2240\text{mm}=761.7\text{mm}$$	B 型带 $L_d=2300$mm B 型带 $a=728.1$mm B 型带 $a_{min}=694.5$mm $a_{max}=761.7$mm
6）验算小带轮包角	A 型带 $$\alpha_1 = 180° - 57.3°\times\frac{d_{d2}-d_{d1}}{a}=180°-57.3°\times\frac{315\text{mm}-100\text{mm}}{489.9\text{mm}}=155°>120°,$$ 合适	A 型带 $\alpha_1=155°$

笔记

（续）

设计项目	计算及说明	主要结果
	B 型带 $$\alpha_1 = 180° - 57.3° \times \frac{d_{d2} - d_{d1}}{a} = 180° - 57.3° \times \frac{400mm - 140mm}{728.1mm}$$ $$= 160° > 120°, 合适$$	B 型带 $\alpha_1 = 160°$
7）确定 V 带根数	A 型带 查教材表 9-3：单根 V 带的额定功率 $P_0 = 0.969$（插值法计算，$P_{0(975)} = 0.95kW + \frac{1.14 - 0.95}{1200 - 950} \times (975 - 950)kW = 0.969kW$），$\Delta P_0 = 0.115kW$（插值法计算），查教材表 9-4：$K_\alpha = 0.935$（插值法计算），查教材表 9-5：$K_L = 0.99$ $$z \geqslant \frac{P_c}{[P_c]} = \frac{P_c}{(P_0 + \Delta P_0) K_\alpha K_L}$$ $$= \frac{5.1kW}{(0.969kW + 0.115kW) \times 0.935 \times 0.99} = 5.1$$ 因大于 5，应取 $z = 6$ 根 B 型带 与 A 型带类似，可查教材表 9-3 得：$P_0 = 2.0956kW$，$\Delta P_0 = 0.3032$，查教材表 9-4 得：$K_\alpha = 0.95$，查教材表 9-5 得：$K_L = 1.01$ 代入公式计算得 $z = 2.26$，取 $z = 3$ 根 计算结果见表 A-4	A 型带 $z = 6$ 根 B 型带 $z = 3$ 根

表 A-4

	D_{d1}/mm	D_{d2}/mm	$v/m \cdot s^{-1}$	L_d/mm	a/mm	α_1	$z/根$
A	100	315	5.103	1640	465	155°	6
B	140	400	7.034	2300	728	160°	3

设计项目	计算及说明	主要结果
8）计算初拉力	比较两种计算结果，A 型带根数较多，选 B 型带合理 查普通 V 带单位长度质量表，B 型带 $Q = 0.17kg/m$ $$F_0 = 500 \frac{P_c}{zv}\left(\frac{2.5}{K_\alpha} - 1\right) + Qv^2$$ $$= 500 \times \frac{5.1}{3 \times 7.144} \times \left(\frac{2.5}{0.95} - 1\right)N + 0.17 \times 7.144^2 N$$ $$= 202.8N$$	
9）计算对轴的压力	$$F_R = 2zF_0 \sin\frac{\alpha_1}{2} = 2 \times 3 \times 202.8 \sin\frac{158°}{2}N = 1194.4N$$	$F_0 = 202.8N$ $F_R = 1194.4N$
（2）圆柱齿轮设计	已知齿轮传动的参数，见表 A-5 齿轮相对于轴承为对称布置，单向运转、输送机的工作状况应为中等冲击	

表 A-5

项目	P_I/kW	$n_I/r \cdot min^{-1}$	$i_{I\,II}$
参数	4.07	319.67	4.3

由于该减速器无特殊要求，为制造方便，选用价格便宜、货源充足的优质碳素钢，采用软齿面

（续）

设计项目	计算及说明	主要结果
1）选择齿轮材料及确定许用应力	查教材表6-9得 小齿轮　42SiMn 调质，250~280HBW 大齿轮　45 钢正火，170~200HBW 查教材图6-30得 接触疲劳极限应力 　小齿轮　$\sigma_{H1im1}=720MPa$ 　大齿轮　$\sigma_{H1im2}=530MPa$ 查教材图6-32得 弯曲疲劳极限应力 　小齿轮　$\sigma_{F1im1}=300MPa$ 　大齿轮　$\sigma_{F1im2}=200MPa$ 安全系数 　$S_{Hmin}=1,S_{Fmin}=1$ 许用接触应力 　小齿轮$[\sigma_{H1}]=0.9\sigma_{H1im1}=0.9\times720MPa=648MPa$ 　大齿轮$[\sigma_{H2}]=0.9\sigma_{H1im2}=0.9\times530MPa=477MPa$ 许用弯曲应力 　小齿轮$[\sigma_{F1}]=0.7\delta_{F1im1}=0.7\times300MPa=210MPa$ 　大齿轮$[\sigma_{F2}]=0.7\delta_{F1im2}=0.7\times200MPa=140MPa$	小齿轮 42SiMn 调质 大齿轮 45 钢正火
2）按齿面接触强度设计计算	对钢制、软齿面闭式齿轮传动,按齿面接触疲劳强度设计公式(6-13)计算小齿轮直径: 查教材表6-10、表6-11得:$K_A=1.2$;$\psi_d=1$;$[\sigma_H]=[\sigma_{H2}]=477MPa$ 传动比 $i_{I II}=4.3$;外啮合时设计公式中的"±"取"+"号;$T_1=121883N\cdot mm$ 代入设计公式 $$d_1\geqslant\sqrt[3]{\left(\frac{671}{[\sigma_H]}\right)^2\frac{KT_1}{\psi_d}\frac{i+1}{1}}=\sqrt[3]{\left(\frac{671}{477}\right)^2\times\frac{1.2\times121600}{1}\times\frac{4.3+1}{4.3}}mm=70.87mm$$	
3）确定齿轮的参数及计算主要尺寸	①确定齿数 对于软齿面闭式传动,取 $z_1=25$, $z_2=iz_1=4.3\times25=107.5$, 取 $z_2=108$, $i'=z_2/z_1=4.32$, $\Delta i=(i-i')/i=(4.3-4.32)/4.3=-0.5\%$,在$\pm5\%$范围内,合适 ②确定模数 $m=d_1/z_1=70.87mm/25=2.8mm$, 取 $m=3mm$ ③确定中心距 初算中心距 $a_0=(z_1+z_2)m/2$ 　　　　　　　$=(25+108)\times3mm/2=199.5mm$ 取 $a=199.5mm$ ④计算主要几何尺寸 分度圆尺寸 $d_1=mz_1=3\times25mm=75mm$; $d_2=mz_2=3\times108mm=324mm$;	$z_1=25$ $z_2=108$ $m=3mm$ $a=199.5mm$ $d_1=75mm$ $d_2=324mm$

笔记

(续)

设计项目	计算及说明	主要结果
4）验算齿根的弯曲疲劳强度	齿顶圆尺寸 $d_{a1} = m(z_1+2)\mathrm{mm} = 81\mathrm{mm}$ $d_{a2} = m(z_2+2)\mathrm{mm} = 330\mathrm{mm}$ 齿宽 $b = \psi_d d_1 = 1 \times 75\mathrm{mm} = 75\mathrm{mm}$ 取大齿轮齿宽 $b_2 = 75\mathrm{mm}$，小齿轮齿宽 $b_1 = 80\mathrm{mm}$ 查教材图 6-31 得：复合齿系数 $Y_{FS1} = 4.17$，$Y_{FS2} = 3.95$，代入公式(6-14)： $\sigma_{F1} = \dfrac{2KT_1 Y_{FS1}}{bm^2 z_1} = \dfrac{2 \times 1.2 \times 121600 \times 4.17}{75 \times 3^2 \times 25}\mathrm{MPa} = 72.12\mathrm{MPa} \leqslant [\sigma_{F1}]$ $\sigma_{F2} = \sigma_{F1}\dfrac{Y_{FS2}}{Y_{FS1}} = 72.12 \times \dfrac{3.95}{4.17}\mathrm{MPa} = 68.31\mathrm{MPa} \leqslant [\sigma_{F2}]$ σ_{F1}、σ_{F2} 值分别小于各自的许用接触应力值，故安全	$d_{a1} = 81\mathrm{mm}$ $d_{a2} = 330\mathrm{mm}$ $\sigma_{F1} \leqslant [\sigma_{F1}]$ $\sigma_{F2} \leqslant [\sigma_{F2}]$
5）验算齿轮的圆周速度	$v = \dfrac{\pi d_1 n_1}{60 \times 1000} = \dfrac{3.14 \times 75 \times 319.67}{60 \times 1000}\mathrm{m/s} = 1.25\mathrm{m/s}$	$v = 1.25\mathrm{m/s}$
6）齿轮结构设计	注：在设计减速器俯视图的过程中，还要用到齿轮的很多尺寸，包括齿轮的结构设计，这里只是计算说明书示例，就不再给出具体结构设计和尺寸，可以在减速器零件设计中专门设计齿轮结构，也可在设计过程中来完善、补充这些尺寸	
四、低速轴的结构设计	课程设计一般是先设计低速轴，把低速轴设计出来后根据低速轴的长度尺寸就可确定箱体的宽度等尺寸，故先设计低速轴 低速轴的参数见表 A-6 表 A-6 	项目	P_{II}/kW	$n_{II}/\mathrm{r \cdot min^{-1}}$
参数	3.91	74.34		
（1）轴的结构设计	1）轴上零件的布置 对于单级减速器，低速轴上安装一个齿轮、一个联轴器，齿轮安装在箱体的中间位置；两个轴承安装在箱体的轴承座孔内，相对于齿轮对称布置；联轴器安装在箱体的外面一侧。为保证齿轮的轴向位置，还应在齿轮和轴承之间加一个套筒 2）零件的装拆顺序 轴上的主要零件是齿轮，齿轮的安装可以从左侧装拆，也可从右侧装拆。本题目从方便加工的角度选轴上的零件从轴的右端装拆，齿轮、套筒、轴承、轴承盖、联轴器依次从轴的右端装入，左端的轴承从左端装入。形成一个中间粗、两端细的阶梯轴 3）轴的结构设计 为便于轴上零件的安装，把轴设计为阶梯轴，后段轴的直径大于前端轴的直径，低速轴的具体设计如下 轴段①安装联轴器，用键周向固定 轴段②高于轴段①形成轴肩，用来定位联轴器 轴段③高于轴段②，方便安装轴承 轴段④高于轴段③，方便安装齿轮；齿轮在轴段④上用键周向固定 轴段⑤高于轴段④形成轴环，用来定位齿轮	

（续）

设计项目	计算及说明	主要结果
	轴段⑦直径应和轴段③直径相同，以使左右两端轴承型号一致。轴段⑥高于轴段⑦形成轴肩，用来定位轴承；轴段⑥高于轴段⑦的部分取决于轴承标准 轴段⑤与轴段⑥的高低没有什么直接的影响，只是一般的轴身连接 低速轴的结构如图 A-2 所示 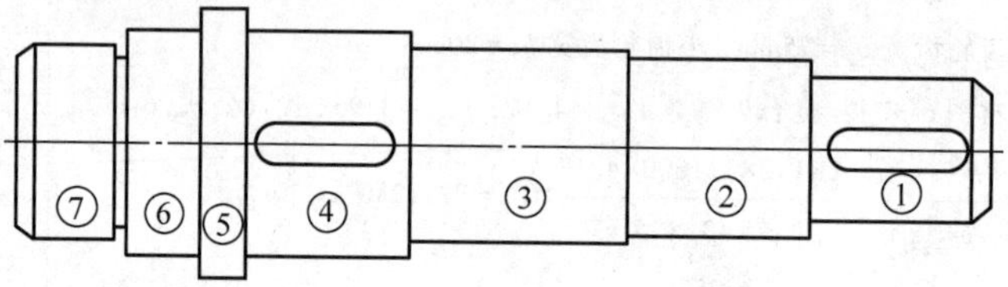 图 A-2	
（2）确定各轴段的尺寸	1）各轴段的直径 因本减速器为一般常规用减速器，轴的材料无特殊要求，故选用 45 钢，正火 查教材表 11-3：　　　　　45 钢的 $C=103\sim126$ 代入设计公式 $$d=C\sqrt[3]{\dfrac{P}{n}}=(103\sim126)\times\sqrt[3]{\dfrac{3.91}{74.34}}\,mm=38.6\sim47.2mm$$ 考虑该轴段上有一个键槽，故应将轴径增大 5%，即 $d=(38.6\sim47.2)\times(1+0.05)mm=40.53\sim49.56mm$ 轴段①的直径确定为 $d_1=45mm$ 轴段②的直径 d_2 应在 d_1 的基础上加上两倍的定位轴肩高度。这里取定位轴肩高度 $h_{12}=(0.07\sim0.1)d_1=4.5mm$，即 $d_2=d_1+2h_{12}=45mm+2\times4.5mm=54mm$，考虑该轴段安装密封圈，故直径 d_2 还应符合密封圈的标准，取 $d_2=55mm$ 轴段③的直径 d_3 应在 d_2 的基础上增加两倍的非定位轴肩高度，但因该轴段要安装滚动轴承，故其直径要与滚动轴承内径相符合。这里取 $d_3=60mm$ 同一根轴上的两个轴承，在一般情况下应取同一型号，故安装滚动轴承处的直径应相同，即 $d_7=d_3=60mm$ 轴段④上安装齿轮，为安装齿轮方便，取 $d_4=63mm$ 轴段⑤的直径 $d_5=d_4+2h_{45}$，h_{45} 是定位轴环的高度，取 $h_{45}=6mm$，即 $d_5=63mm+2\times6mm=75mm$ 轴段⑥的直径 d_6 应根据所用的轴承类型及型号查轴承标准取得，预选该轴段用 6312 轴承(深沟球轴承，轴承数据见附录 B)，查得 $d_6=72mm$ 2）各轴段的长度 参照图 2-1 减速器箱体的相关部位的结构及图 5-1、图 5-4 所示的相关部位的结构，查表 5-2、表 5-3，根据图 4-2、图 4-3 来确定各轴段的直径 各轴段长度的确定从安装齿轮部分的④轴段开始，确定各轴段长度时主要考虑箱体的结构和轴上安装的零件对轴长度的影响 轴段④因安装有齿轮，故该轴段的长度 L_4 与齿轮宽度有关，为了使套筒能顶紧齿轮轮廓，应使 L_4 略小于齿轮轮毂的宽度，一般情况下 $L_{b2}-L_4=2\sim3mm$，$L_{b2}=75mm$，取 $L_4=73mm$ 轴段③的长度包括三部分，再加上 L_4 小于齿轮毂宽的数值($L_{b2}-L_4=75mm-73mm=2mm$)，即 $L_3=B+\Delta_2+\Delta_3+2mm$。$B$ 为滚动轴承的宽度，查附录 B 可知 6312 轴承的 $B=31mm$；Δ_2 为小齿轮端面至箱体内壁的距离，查表 5-2，通常可取 $\Delta_2=10\sim15mm$，本例取 $\Delta_2=15mm$；Δ_3 为滚动轴承内端面至减速器内壁的距离，轴承的润滑方式不同，Δ_3 的取值也不同，这里选润滑方式	$d_1=45mm$ $d_2=55mm$ $d_3=60mm$ $d_4=63mm$ $d_5=75mm$ $d_6=72mm$ $L_4=73mm$ $L_3=55.5mm$

（续）

设计项目	计算及说明	主要结果
	为油润滑，查表 5-2，可取 $\Delta_3 = 3 \sim 5mm$，本例取 $\Delta_3 = 5mm$。这里需要说明的是 Δ_2 为小齿轮端面到箱体的距离，因大齿轮的齿宽 b_2 小于小齿轮的齿宽 5mm，本例大齿轮端面到箱体内壁的距离应是 Δ_2 再加上大齿轮和小齿轮齿宽的单边差值 2.5mm，故此处的 Δ_2 实际应为 15mm+2.5mm = 17.5mm，$L_3 = B + \Delta_2 + \Delta_3 + 2mm = (31+17.5+5+2)mm = 55.5mm$；$\Delta_3$ 处图示结构是油润滑情况，如改用脂润滑，这里的套筒应改为挡油环，Δ_3 的取值将有变化 轴段②的长度应包括三部分：$L_2 = l_1 + e + m$，其中 l_1 部分为联轴器的内端面至轴承端盖的距离，查表 5-2，通常可取 15～20mm，现取 15mm。e 部分为轴承端盖的厚度，查表 5-7(6312 轴承 $D = 130mm$，$Md_3 = 10mm$)，$e = 1.2d_3 = 1.2 \times 10mm = 12mm$；$m$ 部分则为轴承盖的止口端面至轴承座孔边缘距离，此距离应按轴承盖的结构形式、密封形式及轴承座孔的尺寸来确定。要先确定轴承座孔的宽度，轴承座孔的宽度减去轴承宽度和轴承距箱体内壁的距离就是这一部分的尺寸。如图 5-4 所示，轴承座孔的宽度 $L_{座孔} = \delta + c_1 + c_2 + (5 \sim 10)mm$，$\delta$ 为下箱座壁厚，查表 5-3 取 $\delta = 8mm$；c_1、c_2 为轴承座孔连接螺栓到箱体外壁及箱边的尺寸，应根据轴承座旁连接螺栓的直径查表 5-3。查表 5-3(单级圆柱齿轮传动中心距 ≤200mm，轴承座旁连接螺栓直径 $Md_1 = 12mm$)得：$c_1 = 20mm$，$c_2 = 16mm$；为加工轴承座孔端面方便，轴承座孔的端面应高于箱体的外表面，一般可取两者的差值为 5～10mm；故最终得 $L_{座孔} = (8+20+16+5 \sim 10)mm = 49 \sim 54mm$，取 $L_{座孔} = 50mm$。反算 $m = L_{座孔} - \Delta_3 - B = (50-5-31)mm = 14mm$，$L_2 = l_1 + e + m = (15+12+14)mm = 41mm$ 轴段①安装联轴器，其长度 L_1 与联轴器的长度有关，因此需要先选定联轴器的类型及型号，才能确定 L_1 长度。为了补偿由于制造、安装等的误差及两轴线的偏移，优先考虑选择弹性套柱销联轴器，根据安装联轴器轴段的直径，选联轴器型号为 TL8(联轴器的有关数据见附录 F)，查得 $L_{联轴器} = 84mm$，考虑到联轴器的连接和固定的需要，使 L_1 略小于 $L_{联轴器}$，取 $L_1 = 82mm$ 轴段⑤长度 L_5 即轴环的宽度 b(一般 $b = 1.4h_{45}$)，取轴环 $L_5 = 8mm$ 轴段⑥长度 L_6 由 Δ_2、Δ_3 的尺寸减去 L_5 来确定，$L_6 = \Delta_2 + \Delta_3 - L_5 = (17.5+5-8)mm = 14.5mm$ 轴段⑦的程度 L_7 应等于或略大于滚动轴承的宽度 B，$B = 31mm$，取 $L_7 = 33mm$ 轴的总长度等于各轴段的长度之和，即 $L_{总长} = L_1 + L_2 + L_3 + L_4 + L_5 + L_6 + L_7 = (82+41+55.5+73+8+14.5+33)mm = 307mm$ 轴段⑥、⑦之间的砂轮越程槽包含在⑦轴段的长度之内 低速轴轴承的支点之间距离为 $l = b_2 + (\Delta_2 + \Delta_3) \times 2 + \dfrac{B}{2} \times 2 = 75mm + (17.5+5)mm \times 2 + \dfrac{31mm}{2} \times 2 = 151mm$(确定方法可参见图 5-6)	$L_2 = 41mm$ 选用弹性套柱销联轴器，型号为 TL8 $L_1 = 82mm$ $L_5 = 8mm$ $L_6 = 14.5mm$ $L_7 = 33mm$ $L_{总长} = 307mm$
（3）按扭转和弯曲组合进行强度校核	1) 绘制轴的计算简图 为计算轴的强度，应将载荷简化处理，直齿圆柱齿轮，其受力可分解为圆周力 F_t、径向力 F_r。两端轴承可简化为一端活动铰链，一端固定铰链，如图 A-3b 所示。为计算方便，选择两个危险截面 I—I、II—II，I—I 危险截面选择安装齿轮的轴段的中心位置，位于两个支点的中间，距 B 支座的距离为 151mm/2 = 75.5mm；II—II 危险截面选择在段轴④和段轴③的截面处，距 B 支座的距离为 $B/2 + \Delta_2 + \Delta_3 + 2mm = (31/2+17.5+5+2)mm = 40mm$ 2) 计算轴上的作用力 从动轮的转矩 $T = 502122N \cdot mm$	

（续）

设计项目	计算及说明	主要结果

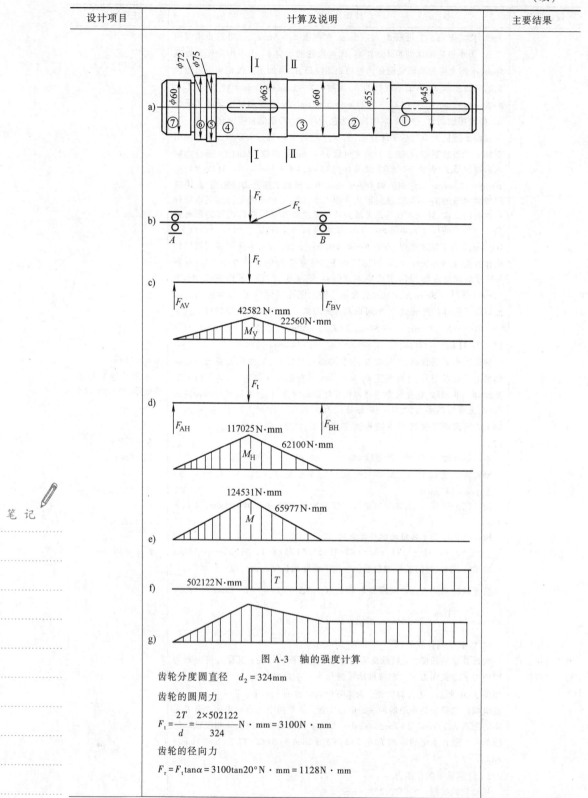

图 A-3 轴的强度计算

齿轮分度圆直径 $d_2 = 324\text{mm}$

齿轮的圆周力

$$F_t = \frac{2T}{d} = \frac{2 \times 502122}{324}\text{N} \cdot \text{mm} = 3100\text{N} \cdot \text{mm}$$

齿轮的径向力

$$F_r = F_t \tan\alpha = 3100\tan20° \text{N} \cdot \text{mm} = 1128\text{N} \cdot \text{mm}$$

（续）

设计项目	计算及说明	主要结果
	3）计算支反力及弯矩	
	①计算垂直平面内的支反力及弯矩	
	a. 求支反力：对称布置，只受一个力，故	
	$F_{AV}=F_{BV}=F_r/2=1128N/2=564N$	
	b. 求垂直平面的弯矩	
	Ⅰ—Ⅰ截面：$M_{\text{ⅠV}}=564\times75.5\text{mm}=42582\text{N}\cdot\text{mm}$	
	Ⅱ—Ⅱ截面：$M_{\text{ⅡV}}=564\times40\text{mm}=22560\text{N}\cdot\text{mm}$	
	②计算水平平面内的支反力及弯矩	
	a. 求支反力：对称布置，只受一个力，故	
	$F_{AH}=F_{BH}=F_t/2=3100N/2=1550N$	
	b. 求水平平面的弯矩	
	Ⅰ—Ⅰ截面：$M_{\text{ⅠH}}=1550\times75.5\text{mm}=117025\text{N}\cdot\text{mm}$	
	Ⅱ—Ⅱ截面：$M_{\text{ⅡH}}=1550\times40\text{mm}=62000\text{N}\cdot\text{mm}$	
	③求各截面的合成弯矩	
	Ⅰ—Ⅰ截面：	
	$M_{\text{Ⅰ}}=\sqrt{M_{\text{ⅠV}}^2+M_{\text{ⅠH}}^2}=\sqrt{42582+117025^2}\text{mm}=124531\text{N}\cdot\text{mm}$	
	Ⅱ—Ⅱ截面：	
	$M_{\text{Ⅱ}}=\sqrt{M_{\text{ⅡV}}^2+M_{\text{ⅡH}}^2}=\sqrt{22560^2+62000^2}\text{mm}=65977\text{N}\cdot\text{mm}$	
	④计算转矩	
	$T=503290\text{N}\cdot\text{mm}$	
	⑤确定危险截面及校核其强度	
	按弯扭组合计算时，转矩按脉动循环变化考虑，取 $\alpha=0.6$。按两个危险截面校核：	
	Ⅰ—Ⅰ截面的应力：	
	$\sigma_{\text{Ⅰe}}=\dfrac{\sqrt{M_{\text{Ⅰ}}^2+(\alpha T)^2}}{0.1d_1^3}=\dfrac{\sqrt{124531^2+(0.6\times502122)^2}}{0.1\times63^3}\text{MPa}=13.04\text{MPa}$	
	Ⅱ—Ⅱ截面的应力：	
	$\sigma_{\text{Ⅱe}}=\dfrac{\sqrt{M_{\text{Ⅱ}}^2+(\alpha T)^2}}{0.1d_{\text{Ⅱ}}^3}=\dfrac{\sqrt{65977^2+(0.6\times502122)^2}}{0.1\times60^3}\text{MPa}=14.28\text{MPa}$	
	查教材表 11-1 得 $[\sigma_{-1}]=55\text{MPa}$。$\sigma_{\text{Ⅰe}}$、$\sigma_{\text{Ⅱe}}$ 均小于 $[\sigma_{-1}]$，故轴的强度满足要求	
五、高速轴的结构设计	高速轴的设计主要是设计各轴段的直径，为设计俯视图作准备。有些轴段的长度可以根据轴上的零件来确定；有些轴段的长度在确定低速轴处的箱体后，取箱体内壁为一直线就可确定。高速轴的结构如图 A-4 所示	
	经设计，高速轴可以做成单独的轴而不是齿轮轴。为使零件定位和固定，高速轴也和低速轴一样设计为七段，各轴段直径尺寸为	
	$d_1=30\text{mm}$	$d_1=30\text{mm}$
	$d_2=35\text{mm}$	$d_2=35\text{mm}$
	$d_3=40\text{mm}$ （取轴承型号为 6208）	$d_3=40\text{mm}$
	$d_4=42\text{mm}$	$d_4=42\text{mm}$
	$d_5=50\text{mm}$	$d_5=50\text{mm}$

笔 记

（续）

设计项目	计算及说明	主要结果
	$d_6 = 47\text{mm}$ $d_7 = 40\text{mm}$	$d_6 = 47\text{mm}$ $d_7 = 40\text{mm}$

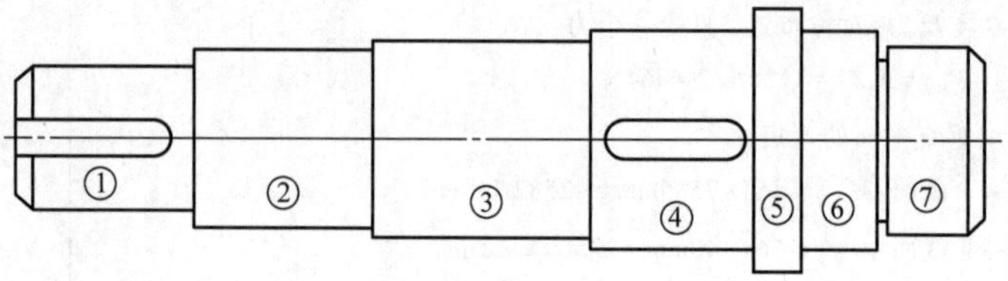

图 A-4

六、键的选择及强度校核

1）选择键的尺寸

低速轴上在段轴①和段轴④两处各安装一个键，按一般使用情况选择采用 A 型普通平键联接，查表选取键的参数，见表 A-7

表 A-7

段轴①	$d_1 = 45\text{mm}$	$b \times h = 14\text{mm} \times 9\text{mm}$	$l_1 = 80\text{mm}$
段轴④	$d_4 = 63\text{mm}$	$b \times h = 18\text{mm} \times 11\text{mm}$	$l_2 = 70\text{mm}$

标记为：

键 1：GB/T 1096　键　14×9×80

键 2：GB/T 1096　键　18×11×70

2）校核键的强度

轴段①上安装联轴器，联轴器的材料为铸铁，载荷性质为轻微冲击，查教材表 10-2$[\sigma_p] = 50 \sim 60\text{MPa}$

轴段④上安装齿轮，齿轮的材料为钢，载荷性质为轻微冲击，$[\sigma_p] = 100 \sim 120\text{MPa}$

静联接校核挤压强度：

轴段①：$\sigma_{p1} = \dfrac{4T}{dhl} = \dfrac{4 \times 502122}{45 \times 9 \times 80}\text{MPa} = 62\text{MPa}$，计算应力 σ_{p1} 略大于许用应力，因相差不大，可以用已确定的尺寸，不必修改

段轴④：$\sigma_{p2} = \dfrac{4T}{dhl} = \dfrac{4 \times 502122}{63 \times 11 \times 70}\text{MPa} = 41.40\text{MPa} \leqslant [\sigma_p]$

所选键联接强度满足要求

七、选择轴承及计算轴承寿命

1）轴承型号的选择

高速轴选轴承类型为深沟球轴承，型号为 6208

低速轴选轴承类型为深沟球轴承，型号为 6312

2）轴承寿命计算

高速轴：

高速轴的外端安装有带轮，中间安装有齿轮，要计算轴承的寿命，就要先求出轴承支座的支反力，进一步求出轴承的当量动载荷，然后计算轴承的寿命

画出高速轴的受力图并确定支点之间的距离见图 A-5，带轮安装在轴上的轮毂宽 $L = (1.5 \sim 2) d_0$，d_0 为安装带轮处的轴径，即高速轴的第一段轴径，$d_0 = d_1 = 30\text{mm}$，$L = (1.5 \sim 2) \times 30\text{mm} = 45 \sim 60\text{mm}$，取第一段轴的长度为 50mm。第二段轴的长度取和低速轴的第二段轴长一样的对应关系，但考虑该轴段上的轴承宽度（6208 的 $B = 18\text{mm}$ 低速轴轴承为 6312，宽度为 31mm），故高速轴第二轴段的长为 54mm，带轮中心到轴承 A 支点的距离 $L_3 = 50\text{mm}/2 + 54\text{mm} + 18\text{mm}/2 = 88\text{mm}$。高速轴两轴承之间的支点距离为原低速轴的两支点的距离减去两轴承宽度之差，应为 151mm − 13mm = 138mm，因对称布置，故 $L_1 = L_2 = 138\text{mm}/2 = 69\text{mm}$

主要结果栏：

键联接强度满足要求

高速轴选轴承类型 6208

低速轴选轴承类型 6312

笔记

设计项目	计算及说明	主要结果
	高速轴上齿轮的受力和低速轴的力大小相等，方向相反，即：$F_{r1} =$ 1128N，$F_{t1} = 3100$N 注：高速轴上安装有带轮，带对轴的压力 $F_R = 1194.4$N 作用在高速轴上，对轴的支反力计算有影响，安装不同，该力对轴的支反力影响不同。在这里有三种情况，①受力方向不明，取带的压力与轴承支座的受力的合力方向一致；②取带的压力作用于轴承支座的受力的垂直方向（和 F_t 一致）；③取带的压力作用于轴承支座受力的水平方向（和 F_t 一致）。本示例给出三种计算方法，实际计算时可选其中一种 ①本示例具体情况不明，故方向不确定，采用在求出齿轮受力引起的支反力后直接和该压力引起的支反力相加来确定轴承最后的受力 因齿轮相对于轴承对称布置，A、B 支座的支反力数值一样，故只计算一边即可。求轴承 A 处支反力： 水平平面：$F_{AH} = F_{BH} = F_{t1}/2 = 3100\text{N}/2 = 1550$N 垂直平面：$F_{AV} = F_{BV} = F_{r1}/2 = 1128\text{N}/2 = 564$N 求合力： $$F_A = \sqrt{F_{AH}^2 + F_{AV}^2} = \sqrt{1550^2 + 564^2}\,\text{N} = 1649.4\text{N}$$ 考虑带的压力对轴承支反力的影响，因方向不定，以最不利因素考虑： 高速轴的受力分析如图 A-5 所示，带的压力对轴承 A 处的支反力，可由式 $\sum M_B = 0$ 求得 $$F_R(L_3 + L_2 + L_1) - F_{AR}(L_2 + L_1) = 0$$ $$F_{AR} = \frac{F_R(L_3 + L_2 + L_1)}{L_2 + L_1} = \frac{1194.4 \times 226}{138}\,\text{N} = 1956\text{N}$$ 轴承受到的最大力为 $F_{A\max} = 1649.4\text{N} + 1956\text{N} = 3605$N 正常使用情况，查教材表 12-5 和表 12-6 得：$f_T = 1$，$f_P = 1.2$，$\varepsilon = 3$，查附录 B：轴承 6208 的基本额定动载荷 $C = 29.5$kN，代入公式： $$L_{h1} = \frac{10^6}{60n}\left(\frac{f_T C}{f_P P}\right)^3 = \frac{10^6}{60 \times 319.67} \times \left(\frac{1 \times 29.5}{1.2 \times 3.605}\right)^3\,\text{h} = 16260\text{h}$$	$L_{h1} = 16260$h

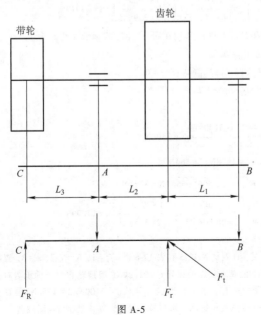

图 A-5

设计项目	计算及说明	主要结果

②假设带对轴的压力作用如图 A-5 所示，和 F_r 作用在同一平面，求轴承 A 处支反力：

水平平面：$F_{AH} = F_{BH} = F_{t1}/2 = 3100\text{N}/2 = 1550\text{N}$

垂直平面：$\sum M_B = 0$，

$F_R(L_3 + L_2 + L_1) + F_r L_1 - F_{AV}(L_2 + L_1) = 0$

$$F_{AV} = \frac{F_R(L_3 + L_2 + L_1) + F_r L_1}{L_2 + L_1}$$

$$= \frac{1194.4 \times 226 + 1128 \times 69}{138}\text{N} = 2520\text{N}$$

$F_A = \sqrt{F_{AH}^2 + F_{AV}^2} = \sqrt{1550^2 + 2520^2}\,\text{N} = 2958.5\text{N}$

求轴承 B 处支反力：

水平平面：$F_{BH} = F_{AH} = 3100\text{N}/2 = 1550\text{N}$

垂直平面：$F_{BV} = F_r + F_R - F_{AV}$

$= 1128\text{N} + 1194.4\text{N} - 2520\text{N} = -197.6\text{N}$

F_{BV} 还有一种计算方法：$\sum M_A = 0$，

$F_R L_3 + F_{BV}(L_2 + L_1) - F_r L_2 = 0$

$$F_{BV} = \frac{F_r L_2 - F_R L_3}{L_2 + L_1} = \frac{1128 \times 69 - 1194.4 \times 88}{138}\text{N} = -197.6\text{N}$$

$F_{BV} = -214.2\text{N}$，说明原假设方向反了，应该方向向上

$F_B = \sqrt{F_{BH}^2 + F_{BV}^2} = \sqrt{1550^2 + 197.6^2}\,\text{N} = 1562.5\text{N}$

比较轴承 A 处和轴承 B 处的受力情况，可以看出轴承 A 处的受力较大，轴承寿命以 A 处计算即可，轴承的当量动载荷 $P = F_A = 2958.5\text{N}$

正常使用情况，查教材表 12-5 和表 12-6 得：$f_T = 1$，$f_P = 1.2$，$\varepsilon = 3$，查附录 B 轴承 6208 的基本额定动载荷 $C = 29.5\text{kN}$，代入公式：

$$L_{h2} = \frac{10^6}{60n}\left(\frac{f_T C}{f_P P}\right)^3 = \frac{10^6}{60 \times 319.67} \times \left(\frac{1 \times 29.5}{1.2 \times 2.9585}\right)^3 \text{h} = 29913\text{h}$$

③假设带对轴的压力和 F_t 作用在同一平面，求轴承 A 处支反力：

水平平面：$\sum M_B = 0$，

$F_R(L_3 + L_2 + L_1) + F_t L_1 - F_{AH}(L_2 + L_1) = 0$

$$F_{AH} = \frac{F_R(L_3 + L_2 + L_1) + F_t L_1}{L_2 + L_1}$$

$$= \frac{1194.4 \times 226 + 3100 \times 69}{138}\text{N} = 3506\text{N}$$

垂直平面：$F_{AV} = 1128\text{N}/2 = 564\text{N}$

$F_A = \sqrt{F_{AH}^2 + F_{AV}^2} = \sqrt{3506^2 + 564^2}\,\text{N} = 3551\text{N}$

$$L_{h3} = \frac{10^6}{60n}\left(\frac{f_T C}{f_P P}\right)^3 = \frac{10^6}{60 \times 319.67} \times \left(\frac{1 \times 29.5}{1.2 \times 3.551}\right)^3 \text{h} = 17299\text{h}$$

低速轴：

正常使用情况，查教材表 12-5 和表 12-6 得：$f_T = 1$，$f_P = 1.2$，$\varepsilon = 3$，查附录 B：轴承 6312 的基本额定动载荷 $C = 81.8\text{kN}$，因齿轮相对于轴承为对称布置，轴承的受力一样，水平平面：$F_{AH} = F_{BH} = 3100\text{N}/2 = 1550\text{N}$；垂直平面：$F_{AN} = F_{BN} = 1128\text{N}/2 = 564\text{N}$。可只算一处，计算 A 处，当量动载荷

主要结果：$L_{h2} = 29913\text{h}$

主要结果：$L_{h3} = 17299\text{h}$

笔记

（续）

设计项目	计算及说明	主要结果
	$P = \sqrt{F_{AH}^2 + F_{AV}^2} = \sqrt{1.55^2 + 0.564^2}\,\text{kN} = 1.65\,\text{kN}$	
	代入公式:	
	$L_h = \dfrac{10^6}{60n}\left(\dfrac{f_T C}{f_P P}\right)^3 = \dfrac{10^6}{60 \times 74.34} \times \left(\dfrac{1 \times 81.8}{1.2 \times 1.65}\right)^3\,\text{h} = 15.81 \times 10^6\,\text{h}$	$L_h = 15.81 \times 10^6\,\text{h}$
	从计算结果看,高速轴轴承使用时间较短。按最短时间算,如按每天两班制工作,每年按250天计算,约使用四年,这只是理论计算,实际情况比较复杂,应根据使用情况,注意检查,发现损坏及时更换。低速轴轴承因转速太低,使用时间太长,实际应用中会有多种因素影响,要注意观察,发现损坏及时更换。在实际使用中,可改换6212轴承设计低速轴	
八、选择轴承润滑与密封方式	轴承的润滑方式取决于浸油齿轮的圆周速度,即大齿轮的圆周速度,大齿轮的圆周速度 $v = \pi d_a n/(60 \times 1000) = 3.14 \times 330 \times 74.34/(60 \times 1000)\,\text{m/s} = 1.28\,\text{m/s} < 2\,\text{m/s}$,应选脂润滑	轴承的润滑方式选脂润滑
	因轴的转速不高,高速轴轴颈的圆周速度为 $v = \pi d_2 n/(60 \times 1000) = 3.14 \times 35 \times 319.67/(60 \times 1000)\,\text{m/s} = 0.59\,\text{m/s} < 5\,\text{m/s}$,故高速轴处选用接触式毡圈密封	高速轴处选用接触式毡圈密封
	低速轴轴颈的圆周速度为 $v = \pi d_2 n/(60 \times 1000) = 3.14 \times 55 \times 74.34/(60 \times 1000)\,\text{m/s} = 0.214\,\text{m/s} < 5\,\text{m/s}$,故低速轴处也选用接触式毡圈密封	低速轴处选用接触式毡圈密封
	注:确定润滑方式后,就可确定②、③、⑥段的轴长,装配图的俯视图就基本完成,至此,第一阶段(非标准图)设计基本结束,可以进入第二阶段(坐标纸图)的设计	
九、箱体及附件的设计	一般使用情况下,为制造和加工方便,采用铸造箱体,材料为铸铁。箱体结构采用剖分式,剖分面选择在轴线所在的水平面上	
(1)箱体的选择	箱体中心高度 $H = d_{a2}/2 + (60 \sim 80)\,\text{mm}$ $= 330\,\text{mm}/2 + (60 \sim 80)\,\text{mm} = 225 \sim 245\,\text{mm}$ 取中心高度 $H = 230\,\text{mm}$ 取箱体厚度 $\delta = 8\,\text{mm}$	中心高度 $H = 230\,\text{mm}$
(2)选择轴承端盖	选用凸缘式轴承盖,查表5-7,根据轴承型号设计轴承盖的尺寸: 高速轴: $D = 80\,\text{mm}$, $d_3 = 8\,\text{mm}$, $D_0 = 100\,\text{mm}$, $D_2 = 120\,\text{mm}$ 低速轴: $D = 130\,\text{mm}$, $d_3 = 10\,\text{mm}$, $D_0 = 155\,\text{mm}$, $D_2 = 180\,\text{mm}$	
(3)确定检查孔与孔盖	检查孔尺寸: $L = 120\,\text{mm}$, $b = 70\,\text{mm}$ 检查孔盖尺寸: $l_1 = 150\,\text{mm}$, $b_1 = 100\,\text{mm}$ $b_2 = 85\,\text{mm}$, $l_2 = 135\,\text{mm}$, $d_4 = 8\,\text{mm}$ 材料:Q235,厚度取6mm	
(4)通气器	选用图5-40中的通气器,具体尺寸见图示	
(5)油标装置	选用表5-16中M12	
(6)螺塞	选用表5-19中M20×1.5	
(7)定位销	定位销选用圆锥销。查表5-20可得:销钉公称直径 $d = 8\,\text{mm}$	
(8)起吊装置	按中心距查表5-21得,箱体毛重155kg,选用吊环螺钉为M12	
十、设计小结		
十一、参考书目		

笔记

附录 B　深沟球轴承

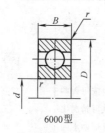

6000型

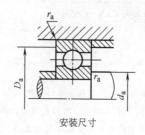

安装尺寸

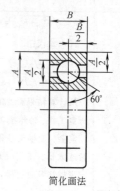

简化画法

标注示例:滚动轴承 6210 GB/T 276—2013

F_a/C_{0r}	e	Y	径向当量动载荷	径向当量静载荷
0.014	0.19	2.30		
0.028	0.22	1.99		
0.056	0.26	1.71		$P_{0r} = F_r$
0.084	0.28	1.55	当 $F_a/F_r \leq e$ 时,$P = F_r$	
0.11	0.30	1.45		$P = 0.6F_r + 0.5F_a$
0.17	0.34	1.31		取上列两式计算结果的较
0.28	0.38	1.15	当 $F_a/F_r > e$ 时,$P = 0.56F_r + YF_a$	大值
0.42	0.42	1.04		
0.56	0.44	1.00		

轴承代号	基本尺寸/mm				安装尺寸/mm			基本额定动载荷 C_r	基本额定静载荷 C_{0r}	极限转速 /r·min^{-1}	
	d	D	B	r_s min	d_a min	D_a max	r_{as} max	kN	kN	脂润滑	油润滑
(0)2尺寸系列											
6200	10	30	9	0.6	15	25	0.6	5.1	2.38	19000	26000
6201	12	32	10	0.6	17	27	0.6	6.82	3.05	18000	24000
6202	15	35	11	0.6	20	30	0.6	7.65	3.72	17000	22000
6203	17	40	12	0.6	22	35	0.6	9.58	4.78	16000	20000
6204	20	47	14	1	26	41	1	12.8	6.65	14000	18000
6205	25	52	15	1	31	46	1	14	7.88	12000	16000
6206	30	62	16	1	36	56	1	19.5	11.5	9500	13000
6207	35	72	17	1.1	42	65	1	25.5	15.2	8500	11000
6208	40	80	18	1.1	47	73	1	29.5	18	8000	10000
6209	45	85	19	1.1	52	78	1	31.5	20.5	7000	9000
6210	50	90	20	1.1	57	83	1	35	23.2	6700	8500
6211	55	100	21	1.5	64	91	1.5	43.2	29.2	6000	7500
6212	60	110	22	1.5	69	101	1.5	47.8	32.8	5600	7000
6213	65	120	23	1.5	74	111	1.5	57.2	40	5000	6300
6214	70	125	24	1.5	79	116	1.5	60.8	45	4800	6000
6215	75	130	25	1.5	84	121	1.5	66	4.95	4500	5600

笔记

（续）

轴承代号	基本尺寸/mm				安装尺寸/mm			基本额定动载荷 C_r	基本额定静载荷 C_{0r}	极限转速 /r·min⁻¹	
	d	D	B	r_s min	d_a min	D_a max	r_{as} max	kN	kN	脂润滑	油润滑
6216	80	140	26	2	90	130	2	71.5	54.2	4300	5300
6217	85	150	28	2	95	140	2	83.2	63.8	4000	5000
6218	90	160	30	2	100	150	2	95.8	71.5	3800	4800
6219	95	170	32	2.1	107	158	2.1	110	82.8	3600	4500
6220	100	180	34	2.1	112	168	2.1	122	92.8	3400	4300
（0）3尺寸系列											
6300	10	35	11	0.6	15	30	0.6	7.65	3.48	18000	24000
6301	12	37	12	1	18	31	1	9.72	5.08	17000	22000
6302	15	42	13	1	21	36	1	11.5	5.42	16000	20000
6303	17	47	14	1	23	41	1	13.5	6.58	15000	19000
6304	20	52	15	1.1	27	45	1	15.8	7.88	13000	17000
6305	25	62	17	1.1	32	55	1	22.2	11.5	10000	14000
6306	30	72	19	1.1	37	65	1	27	15.2	9000	12000
6307	35	80	21	1.5	44	71	1.5	33.2	19.2	8000	10000
6308	40	90	23	1.5	49	81	1.5	40.8	24	7000	9000
6309	45	100	25	1.5	54	91	1.5	52.8	31.8	6300	8000
6310	50	110	27	2	60	100	2	61.8	38	6000	7500
6311	55	120	29	2	65	110	2	71.5	44.8	5300	6700
6312	60	130	31	2.1	72	118	2.1	81.8	51.8	5000	6300
6313	65	140	33	2.1	77	128	2.1	93.8	60.5	4500	5600
6314	70	150	35	2.1	82	138	2.1	105	68.0	4300	5300
6315	75	160	37	2.1	87	148	2.1	112	76.8	4000	5000
6316	80	170	39	2.1	92	158	2.1	122	86.5	3800	4800
6317	85	180	41	3	99	166	2.5	132	96.5	3600	4500
6318	90	190	43	3	104	176	2.5	145	108	3400	4300
6319	95	200	45	3	109	186	2.5	155	122	3200	4000
6320	100	215	47	3	114	201	2.5	172	140	2800	3600

注：表中资料摘自 GB/T 276—2013。

附录C　角接触球轴承

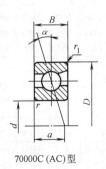

70000C（AC）型

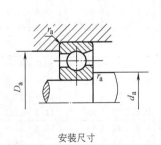

安装尺寸

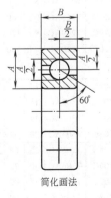

简化画法

标注示例：滚动轴承 7210C GB/T 292—2007

（续）

iF_a/C_{0r}	e	Y	70000C 型	70000AC 型
0.015	0.38	1.47	径向当量动载荷	径向当量动载荷
0.029	0.40	1.40	当 $F_a/F_r \leqslant e$ 时，$P=F_r$	当 $F_a/F_r \leqslant e$ 时，$P=F_r$
0.058	0.43	1.30	当 $F_a/F_r > e$ 时，$P=0.56F_r+YF_a$	当 $F_a/F_r > e$ 时，$P=0.56F_r+YF_a$
0.087	0.46	1.23		
0.12	0.47	0.19		
0.17	0.50	1.12	径向当量静载荷	径向当量静载荷
0.29	0.55	1.02	$P_{0r}=0.5F_r+0.46F_a$	$P_{0r}=0.5F_r+0.38F_a$
0.44	0.56	1.00	当 $P_{0r}<F_r$ 时，取 $P_{0r}=F_r$	当 $P_{0r}<F_r$ 时，取 $P_{0r}=F_r$
0.58	0.56	1.00		

轴承代号		基本尺寸/mm					安装尺寸/mm			70000C（$\alpha=15°$）			70000AC（$\alpha=25°$）			极限转速 /r·min⁻¹	
		d	D	B	r_s	r_{1s}	d_a	D_a	r_{as}	a /mm	动载荷 C_r	静载荷 C_{0r}	a /mm	动载荷 C_r	静载荷 C_{0r}	脂润滑	油润滑
					min			max			kN			kN			

(0) 2 系列

7200C	7200AC	10	30	9	0.6	0.15	15	25	0.6	7.2	5.82	2.95	9.2	5.58	2.82	18000	26000
7201C	7201AC	12	32	10	0.6	0.15	17	27	0.6	8	7.35	3.52	10.2	7.10	3.35	17000	24000
7202C	7202AC	15	35	11	0.6	0.15	20	30	0.6	8.9	8.68	4.62	11.4	8.53	4.40	16000	22000
7203C	7203AC	17	40	12	0.6	0.3	22	35	0.6	9.9	10.8	5.95	12.8	10.5	5.65	15000	20000
7204C	7204AC	20	47	14	1	0.3	26	41	1	11.5	14.5	8.22	14.9	14.0	7.82	13000	18000
7205C	7205AC	25	52	15	1	0.3	31	46	1	12.7	16.5	10.5	16.4	15.8	9.88	11000	16000
7206C	7206AC	30	62	16	1	0.3	36	56	1	14.2	23.0	15.0	18.7	22.0	14.2	9000	13000
7207C	7207AC	35	72	17	1.1	0.6	42	65	1	15.7	50.5	20.0	21	29.0	19.2	8000	11000
7208C	7208AC	40	80	18	1.1	0.6	47	73	1	17	36.8	25.8	23	35.2	24.5	7500	10000
7209C	7209AC	45	85	19	1.1	0.6	52	78	1	18.2	38.5	28.5	24.7	36.8	27.2	6700	9000
7210C	7210AC	50	90	20	1.1	0.6	57	83	1	19.4	42.8	32.0	26.3	40.8	30.5	6300	8500
7211C	7211AC	55	100	21	1.5	0.6	64	91	1.5	20.9	52.8	40.5	28.6	50.5	38.5	5600	7500
7212C	7212AC	60	110	22	1.5	0.6	69	101	1.5	22.4	61.0	48.5	30.8	58.2	46.2	5300	7000
7213C	7213AC	65	120	23	1.5	0.6	74	111	1.5	24.2	69.8	55.2	33.5	66.5	52.5	4800	6300
7214C	7214AC	70	125	24	1.5	0.6	79	116	1.5	25.3	70.2	60.0	35.1	69.2	57.5	4500	6000
7215C	7215AC	75	130	25	1.5	0.6	84	121	1.5	26.4	79.2	65.8	36.6	75.2	63.0	4300	5600
7216C	7216AC	80	140	26	2	1	90	130	2	27.7	89.5	78.2	38.9	85.0	74.5	4000	5300
7217C	7217AC	85	150	28	2	1	95	140	2	29.9	99.8	85	41.6	94.8	81.5	3800	5000
7218C	7218AC	90	160	30	2	1	100	150	2	31.7	122	105	44.2	118	100	3600	4800
7219C	7219AC	95	170	32	2.1	1.1	107	158	2.1	33.8	135	115	46.9	128	108	3400	4500
7220C	7220AC	100	180	34	2.1	1.1	112	168	2.1	35.8	148	128	49.7	142	122	3200	4300

(0) 3 系列

7301C	7301AC	12	37	12	1	0.3	18	31	1	8.6	8.10	5.22	12	8.08	4.88	16000	22000
7302C	7302AC	15	42	13	1	0.3	21	36	1	9.6	9.38	5.95	13.5	9.08	5.58	15000	20000
7303C	7303AC	17	47	14	1	0.3	23	41	1	10.4	12.8	8.62	14.8	11.5	7.08	14000	19000
7304C	7304AC	20	52	15	1.1	0.6	27	45	1	11.3	14.2	9.68	16.8	13.8	9.1	12000	17000
7305C	7305AC	25	62	17	1.1	0.6	32	55	1	13.1	21.5	15.8	19.1	20.8	14.8	9500	14000
7306C	7306AC	30	72	19	1.1	0.6	37	65	1	15	26.5	19.8	22.2	25.2	18.5	8500	12000
7307C	7307AC	35	80	21	1.5	0.6	44	71	1.5	16.6	34.2	26.8	24.5	32.8	24.8	7500	10000
7308C	7308AC	40	90	23	1.5	0.6	49	81	1.5	18.5	40.2	32.3	27.6	38.5	30.5	6700	9000
7309C	7309AC	45	100	25	1.5	0.6	54	91	1.5	20.2	49.2	39.8	30.2	47.5	37.2	6000	8000

（续）

轴承代号		基本尺寸/mm					安装尺寸/mm			70000C（α=15°）			70000AC（α=25°）			极限转速 /r·min⁻¹	
		d	D	B	r_s	r_{1s}	d_a	D_a	r_{as}	a /mm	基本额定 动载荷 C_r	静载荷 C_{0r}	a /mm	基本额定 动载荷 C_r	静载荷 C_{0r}	脂润滑	油润滑
					min			max			kN			kN			
7310C	7310AC	50	110	27	2	1	60	100	2	22	53.5	47.2	33	55.5	44.5	5600	7500
7311C	7311AC	55	120	29	2	1	65	110	2	23.8	70.5	60.5	35.8	67.2	56.8	5000	6700
7312C	7312AC	60	130	31	2.1	1.1	72	118	2.1	25.6	80.5	70.2	38.7	77.8	65.8	4800	6300
7313C	7313AC	65	140	33	2.1	1.1	77	128	2.1	27.4	91.5	80.5	41.5	89.8	75.5	4300	5600
7314C	7314AC	70	150	35	2.1	1.1	82	128	2.1	29.2	102	91.5	44.3	98.5	86.0	4000	5300
7315C	7315AC	75	160	37	2.1	1.1	87	148	2.1	31	112	105	47.2	108	97.0	3800	5000
7316C	7316AC	80	170	39	2.1	1.1	92	158	2.1	32.8	122	118	50	118	108	3600	4800
7317C	7317AC	85	180	41	3	1.1	99	166	2.5	34.6	132	128	52.8	125	122	3400	4500
7318C	7318AC	90	190	43	3	1.1	104	176	2.5	36.4	142	142	55.6	135	135	3200	4300
7319C	7319AC	95	200	45	3	1.1	109	186	2.5	38.2	152	158	58.5	145	148	3000	4000
7320C	7320AC	100	215	47	3	1.1	114	201	2.5	40.2	162	175	61.9	165	178	2600	3600

注：表中资料摘自 GB/T 292—2007。

附录 D　圆锥滚子轴承

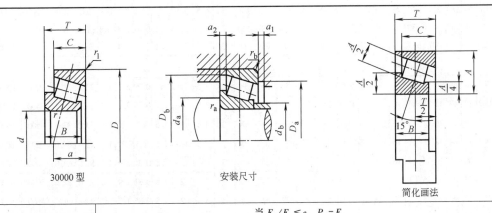

30000 型　　　　安装尺寸　　　　简化画法

径向当量动载荷	当 $F_a/F_r \leq e$，$P_r = F_r$
	当 $F_a/F_r > e$，$P_r = 0.4F_r + YF_a$
径向当量静载荷	$P_{0r} = F_r$
	$P_{0r} = 0.5F_r + Y_0 F_a$
	取上列两式计算结果的较大值

标注示例：滚动轴承 30310 GB/T 297—2015

轴承代号	尺寸/mm								安装尺寸/mm									计算系数			基本额定		极限转速 /r·min⁻¹	
	d	D	T	B	C	r_s	r_{1s}	a	d_a	d_b	D_a	D_a	D_b	a_1	a_2	r_{as}	r_{bs}	e	Y	Y_0	动载荷 C_r	静载荷 C_{0r}	脂润滑	油润滑
						min	min	≈	min	max	min	max	min	min	min	max	max				kN			
02 系列																								
30203	17	40	13.25	12	11	1	1	9.9	23	23	34	34	37	2	2.5	1	1	0.35	1.7	1	20.8	21.8	9000	12000
30204	20	47	15.25	14	12	1	1	11.2	27	26	40	41	43	2	3.5	1	1	0.35	1.7	1	28.2	30.5	8000	10000

（续）

轴承代号	尺寸/mm								安装尺寸/mm									计算系数			基本额定		极限转速 /r·min⁻¹	
	d	D	T	B	C	r_s	r_{1s}	a	d_a	d_b	D_a	D_a	D_b	a_1	a_2	r_{as}	r_{bs}	e	Y	Y_0	动载荷 C_r	静载荷 C_{0r}		
						min	min	≈	min	max	min	max	min	min	min	max	max				kN		脂润滑	油润滑
02 系列																								
30205	25	52	16.25	15	13	1	1	12.5	31	31	44	46	48	2	3.5	1	1	0.37	1.6	0.9	32.2	37.0	7000	9000
30206	30	62	17.25	16	14	1	1	13.8	37	36	53	56	58	2	3.5	1	1	0.37	1.6	0.9	43.2	50.5	6000	7500
30207	35	72	18.25	17	15	1.5	1.5	15.3	44	42	62	65	67	3	3.5	1.5	1.5	0.37	1.6	0.9	54.2	63.5	5300	6700
30208	40	80	19.75	18	16	1.5	1.5	16.9	49	47	69	73	75	3	4	1.5	1.5	0.37	1.6	0.9	63.0	74.0	5000	6300
30209	45	85	20.75	19	16	1.5	1.5	18.6	53	52	74	78	80	3	5	1.5	1.5	0.4	1.5	0.8	67.8	83.5	4500	5600
30210	50	90	21.75	20	17	1.5	1.5	20	58	57	79	83	86	3	5	1.5	1.5	0.42	1.4	0.8	73.2	62.0	4300	5300
30211	55	100	22.75	21	18	2	1.5	21	64	64	88	91	95	4	5	2	1.5	0.4	1.5	0.8	90.8	115	3800	4800
30212	60	110	23.75	22	19	2	1.5	22.3	69	69	96	101	103	4	5	2	1.5	0.4	1.5	0.8	102	130	3600	4500
30213	65	120	24.75	23	20	2	1.5	23.8	77	74	106	111	114	4	5	2	1.5	0.4	1.5	0.8	120	152	3200	4000
30214	70	125	26.75	24	21	2	1.5	25.8	81	79	110	116	119	4	5.5	2	1.5	0.42	1.4	0.8	132	175	3000	3800
30215	75	130	27.75	25	22	2	1.5	27.4	85	84	115	121	125	4	5.5	2	1.5	0.44	1.4	0.8	138	185	2800	3600
30216	80	140	28.75	26	22	2.5	2	28.1	90	90	124	130	133	4	6	2.1	2	0.42	1.4	0.8	160	212	2600	3400
30217	85	150	30.5	28	24	2.5	2	30.3	96	95	132	140	142	5	6.5	2.1	2	0.42	1.4	0.8	178	238	2400	3200
30218	90	160	32.5	30	26	2.5	2	32.3	102	100	140	150	151	5	6.5	2.1	2	0.42	1.4	0.8	200	270	2200	3000
30219	95	170	34.5	32	27	3	2.5	34.2	108	107	149	158	160	5	7.5	2.5	2.1	0.42	1.4	0.8	228	308	2000	2800
30220	100	180	37	34	29	3	2.5	36.4	114	112	157	168	169	5	8	2.5	2.1	0.42	1.4	0.8	255	350	1900	2600
03 系列																								
30302	15	42	14.25	13	11	1	1	9.6	22	21	36	36	38	2	3.5	1	1	0.29	2.1	1.2	22.8	21.5	9000	12000
30303	17	47	15.25	14	12	1	1	10.4	25	23	40	41	43	3	3.5	1	1	0.29	2.1	1.2	28.2	27.2	8500	11000
30304	20	52	16.25	15	13	1.5	1.5	11.1	28	27	44	45	48	3	3.5	1.5	1.5	0.3	2	1.1	33.0	33.2	7500	9500
30305	25	62	18.25	17	15	1.5	1.5	13	34	32	54	55	58	3	3.5	1.5	1.5	0.3	2	1.1	46.8	48.0	6300	8000
30306	30	72	20.75	19	16	1.5	1.5	15.3	40	37	62	65	66	3		1.5	1.5	0.31	1.9	1.1	59.0	63.0	5600	7000
30307	35	80	22.75	21	18	2	1.5	16.8	45	44	70	71	74	3	5	2	1.5	0.31	1.9	1.1	75.2	82.5	5000	6300
30308	40	90	25.25	23	20	2	1.5	19.5	52	49	77	81	84	3	5.5	2	1.5	0.35	1.7	1	90.8	108	4500	5600
30309	45	100	27.25	25	22	2	1.5	21.3	59	54	86	91	94	3	5.5	2	1.5	0.35	1.7	1	108	130	4000	5000
30310	50	110	29.25	27	23	2.5	2	23	65	60	95	100	103	4	6.5	2	2	0.35	1.7	1	130	158	3800	4800
30311	55	120	31.5	29	25	2.5	2	24.9	70	65	104	110	112	4	6.5	2.5	2	0.35	1.7	1	152	188	3400	4300
30312	60	130	33.5	31	26	3	2.5	26.6	76	72	112	118	121	5	7.5	2.5	2.1	0.35	1.7	1	170	210	3200	4000
30313	65	140	36	33	28	3	2.5	28.7	83	77	122	128	131	5	8	2.5	2.1	0.35	1.7	1	195	242	2800	3600
30314	70	150	38	35	30	3	2.5	30.7	89	82	130	138	141	5	8	2.5	2.1	0.35	1.7	1	218	272	2600	3400
30315	75	160	40	37	31	3	2.5	32	95	87	139	148	150	5	9	2.5	2.1	0.35	1.7	1	252	318	2400	3200
30316	80	170	42.5	39	33	3	2.5	34.4	102	92	148	158	160	5	9.5	2.5	2.1	0.35	1.7	1	278	352	2200	3000
30317	85	180	44.5	41	34	4	3	35.9	107	99	156	166	168	6	10.5	3	2.5	0.35	1.7	1	305	388	2000	2800
30318	90	190	46.5	43	36	4	3	37.5	113	104	165	176	178	6	10.5	3	2.5	0.35	1.7	1	342	440	1900	2600
30319	95	200	49.5	45	38	4	3	40.1	118	109	172	186	185	6	11.5	3	2.5	0.35	1.7	1	370	478	1800	2400
30320	100	215	51.5	47	39	4	3	42.2	127	114	184	201	199	6	12.5	3	2.5	0.35	1.7	1	405	525	1600	2000

注：表中资料摘自 GB/T 297—2015。

笔记

附录 E 圆柱滚子轴承

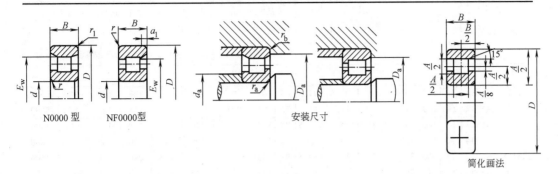

N0000 型   NF0000型   安装尺寸   简化画法

标注示例：滚动轴承 N216E GB/T 283—2016

	径向当量动载荷			径向当量静载荷
$P_r = F_r$	对轴向承载的轴承（NF 型 2、3 系列） $P_r = F_r + 0.3F_a$ $(0 \leqslant F_a/F_r \leqslant 0.12)$ $P_r = 0.94F_r + 0.8F_a$ $(0.12 \leqslant F_a/F_r \leqslant 0.3)$			$P_{0r} = F_r$

轴承代号		尺寸/mm						安装尺寸/mm				基本额定动载荷 C_r/kN		基本额定静载荷 C_{0r}/kN		极限转速 /r·min^{-1}	
		d	D	B	r_s	r_{1s}	E_W		d_a	D_a	r_{as}	r_{bs}	N 型	NF 型	N 型	NF 型	脂润滑	油润滑
					min		N 型	NF 型	min		max							
(0) 2 系列																		
N204E	NF204	20	47	14	1	0.6	41.5	40	25	42	1	0.6	25.8	12.5	24.0	11.0	12000	16000
N205E	NF205	25	52	15	1	0.6	46.5	45	30	47	1	0.6	27.5	14.2	26.8	12.8	10000	14000
N206E	NF206	30	62	16	1	0.6	55.5	53.5	36	56	1	0.6	36.0	19.5	35.5	18.2	8500	11000
N207E	NF207	35	72	17	1.1	0.6	64	61.8	42	64	1	0.6	46.5	28.5	48.0	28.0	7500	9500
N208E	NF208	40	80	18	1.1	1.1	71.5	70	47	72	1	1	51.5	37.5	53.0	38.2	7000	9000
N209E	NF209	45	85	19	1.1	1.1	76.5	75	52	77	1	1	58.5	39.8	63.8	41.0	6300	8000
N210E	NF210	50	90	20	1.1	1.1	81.5	80.4	57	83	1	1	61.2	43.2	69.2	48.5	6000	7500
N211E	NF211	55	100	21	1.5	1.1	90	88.5	64	91	1.5	1	80.2	52.8	95.5	60.2	5300	6700
N212E	NF212	60	110	22	1.5	1.5	100	97	69	100	1.5	1.5	89.8	62.8	102	73.5	5000	6300
N213E	NF213	65	120	23	1.5	1.5	108.5	105.5	74	108	1.5	1.5	102	73.2	118	87.5	4500	5600
N214E	NF214	70	125	24	1.5	1.5	113.5	110.5	79	114	1.5	1.5	112	73.2	135	87.5	4300	5300
N215E	NF215	75	130	25	1.5	1.5	118.5	118.5	84	120	1.5	1.5	125	89	155	110	4000	5000
N216E	NF216	80	140	26	2	2	127.5	125	90	128	2	2	132	102	165	125	3800	4800
N217E	NF217	85	150	28	2	2	136.5	135.5	95	137	2	2	158	115	192	145	3600	4500
N218E	NF218	90	160	30	2	2	145	143	100	146	2	2	172	142	215	178	3400	4300
N219E	NF219	95	170	32	2.1	2.1	154.5	151.5	107	155	2.1	2.1	208	152	262	190	3200	4000
N220E	NF220	100	180	34	2.1	2.1	163	160	112	164	2.1	2.1	235	168	302	212	3000	3800
(0) 3 系列																		
N304E	NF304	20	52	15	1.1	0.6	45.5	44.5	26.5	47	1	0.6	29.0	18.0	25.5	15.0	11000	15000
N305E	NF305	25	62	17	1.1	1.1	54	53	31.5	55	1	1	38.5	25.5	35.8	22.5	9000	12000
N306E	NF306	30	72	19	1.1	1.1	62.5	62	37	64	1	1	49.2	33.5	48.2	31.5	8000	10000
N307E	NF307	35	80	21	1.5	1.1	70.2	68.2	44	71	1.5	1	62.0	41.0	63.2	39.2	7000	9000
N308E	NF308	40	90	23	1.5	1.5	80	77.5	49	80	1.5	1.5	76.8	48.8	77.8	47.5	6300	8000
N309E	NF309	45	100	25	1.5		88.5	86.5	54	89	1.5		93	66.8	98	66.8	5600	7000
N310E	NF310	50	110	27	2		97	95	60	98	2		105	76	112	79.5	5300	6700

笔记

（续）

轴承代号		尺寸/mm					安装尺寸/mm				基本额定动载荷 C_r/kN		基本额定静载荷 C_{0r}/kN		极限转速 /r·min^{-1}	
		d	D	B	r_s r_{1s}	E_W		d_a	D_a	r_{as} r_{bs}		N 型	NF 型	N 型	NF 型	脂润滑	油润滑
					min	N 型	NF 型	min		max							
(0) 3 系列																	
N311E	NF311	55	120	29	2	106.5	104.5	65	107	2		128	97.8	138	105	4800	6000
N312E	NF312	60	130	31	2.1	115	113	72	116	2.1		142	118	155	128	4500	5600
N313E	NF313	65	140	33	2.1	124.5	121.5	77	125	2.1		170	125	188	135	4000	5000
N314E	NF314	70	150	35	2.1	133	130	82	134	2.1		195	145	220	162	3800	4800
N315E	NF315	75	160	37	2.1	143	139.5	87	143	2.1		228	165	260	188	3600	4500
N316E	NF316	80	170	39	2.1	151	147	92	151	2.1		245	175	282	200	3400	4300
N317E	NF317	85	180	41	3	160	156	99	160	2.5		280	212	332	242	3200	4000
N318E	NF318	90	190	43	3	169.5	165	104	169	2.5		298	228	348	265	3000	3800
N319E	NF319	95	200	45	3	177.5	173.5	109	178	2.5		315	245	380	288	2800	3600
N320E	NF320	100	215	47	3	191.5	185.5	114	190	2.5		365	282	425	240	2600	3200

注：表中资料摘自 GB/T 283—2007。

附录 F 弹性套柱销联轴器 　　　　　　　（单位：mm）

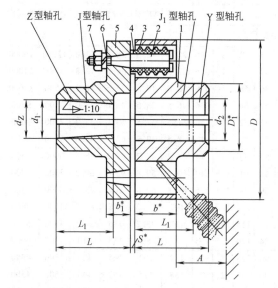

标注示例：

例 1. TL6 联轴器 40×112 GB/T 4323—2017

　　主动端：Y 型轴孔，A 型键槽，$d_1 = 40$mm，

　　　　　　$L = 112$mm

　　从动端：Y 型轴孔，A 型键槽，$d_1 = 40$mm，

　　　　　　$L = 112$mm

例 2. TL3 联轴器 $\dfrac{ZC16×30}{JB18×30}$ GB/T 4323—2017

　　主动端：$d_1 = 16$mm，Z 型轴孔，$L = 30$mm，C 型键槽

　　从动端：$d_1 = 18$mm，J 型轴孔，$L = 30$mm，B 型键槽

　　1、5—半联轴器　2—柱销　3—弹性套

　　4—挡圈　6—垫圈　7—螺母

笔记

型号	额定转矩 T_n /N·m	许用转速 [n] /r·min^{-1}		轴孔直径 d_1,d_2,d_z	轴孔长度			D	D_1^*	b^* b_1^*	S^*	A	转动惯量 J kg·m^2	许用补偿量	
					Y 型	J、J$_1$、Z 型								径向 ΔY	角向 $\Delta \alpha$
		铁	钢		L	L_1	L								
TL2	16	5500	7600	12、14	32	20		80	30	16	3	18	0.001		
				16、(18)、(19)	42	30	42			10				0.2	1°30′
TL3	31.5	4700	6300	16、18、19				95	35	23	4	35	0.002		
				20、(22)	52	38	52			15					

（续）

型号	额定转矩 T_n /N·m	许用转速 $[n]$ /r·min⁻¹		轴孔直径 d_1、d_2、d_z	轴孔长度			D	D_1^*	b^* b_1^*	S^*	A	转动惯量 J	许用补偿量	
					Y型	J、J_1、Z型								径向 ΔY	角向 $\Delta\alpha$
		铁	钢		L	L_1	L						kg·m²		
TL4	63	4200	5700	20、22、24	52	38	52	106	42	23 15	4	35	0.004	0.2	1°30′
				（25）、（28）	62	44	62								
TL5	125	3600	4600	25、28				130	56				0.011		
				30、32、（35）	82	60	82			38 17	5	45		0.3	
TL6	250	3300	3800	32、35、38				160	71				0.026		
				40、（42）											
TL7	500	2800	3600	40、42、45、（48）	112	84	112	190	80				0.06		
TL8	710	2400	3000	45、48、50、55、（56）				224	95				0.13		1°00′
				（60）、（63）	142	107	142			48 19	6	65			
TL9	1000	2100	2850	50、55、56	112	84	112	250	110				0.2	0.4	
				60、63、（65）、（70）、（71）	142	107	142								
TL10	2000	1700	2300	63、65、70、71、75				315	150	58 22	8	80	0.64		
				80、85、（90）、（95）	172	132	172								
TL11	4000	1350	1800	80、85、90、95				400	190	73 30	10	100	2.06	0.5	0°30′
				100、110	212	167	212								

注：1. 本联轴器能补偿两轴间不大的相对位移，且具有一定的弹性和缓冲性能。工作温度为 −20～+70℃。一般用于高速级中、小功率轴系的传动，还可用于经常正反转、起动频繁的场合。

2. 括号内的轴孔直径仅用于钢制联轴器。

3. 带 * 的尺寸，原标准中没有，为参考尺寸。

4. 表中资料摘自 GB/T 4323—2017。

附录 G　六角头螺栓　　　　　　　　　　（单位：mm）

六角头螺栓 C 级（GB/T 5780—2016）　　　六角头螺栓全螺纹 C 级（GB/T 5781—2016）

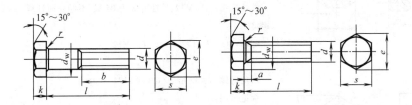

标注示例：

螺纹规格 d=M12、公称长度 l=80mm、性能等级为 4.8 级、不经表面处理、C 级的六角头螺栓：螺栓 GB/T 5780 M12×80

（续）

螺纹规格		M5	M6	M8	M10	M12	(M14)	M16	(M18)	M20	(M22)	M24	(M27)	M30	M36
s(公称)		8	10	13	16	18	21	24	27	30	34	36	41	46	55
k(公称)		3.5	4	5.3	6.4	7.5	8.8	10	11.5	12.5	14	15	17	18.7	22.5
r(最小)		0.2	0.25	0.4	0.4	0.6	0.6	0.6	0.6	0.8	0.8	0.8	1	1	1
e(最小)		8.6	10.9	14.2	17.6	19.9	22.8	26.2	29.6	33	37.3	39.6	45.2	50.9	60.8
a(最大)		2.4	3	4	4.5	5.3	6	6	7.5	7.5	7.5	7.5	9	10.5	12
d_W(最小)		6.7	8.7	11.5	14.5	16.5	19.2	22	24.9	27.7	31.4	33.3	38	42.8	51.1
b(参考)	$l \leq 125$	16	18	22	26	30	34	38	42	46	50	54	60	66	78
	$125 < l \leq 200$	—	—	28	32	36	40	44	48	52	56	60	66	72	84
	$l > 200$	—	—	—	—	—	53	57	61	65	69	73	79	85	97
l系列(公称)		25~	30~	40~	45~	55~	60~	65~	80~	80~	90~	100~	110~	120~	140~
GB/T 5780—2000		50	60	80	100	120	140	160	180	200	220	240	260	300	360
全螺纹长度 l		10~	12~	16~	20~	25~	30~	35~	35~	40~	45~	50~	55~	60~	70~
GB/T 5781—2000		50	60	80	100	120	140	160	180	200	220	240	280	300	360

l系列(公称)	10,12,16,20,25,30,35,40,45,50,55,60,65,70,80,90,100,110,120,130,140,150,160,180,200,220,240,260,280,300,320,340,360

技术条件	GB/T 5780 螺纹公差:8g	材料:钢	性能等级:3.6、4.6、4.8	表面处理:不经处理,电镀	产品等级:Cx
	GB/T 5781 螺纹公差:8g			非电解锌粉覆盖	

注：1. 带括号的规格为非优选的螺纹规格。

　　2. 表中资料摘自 GB/T 5780—2016，GB/T 5781—2016。

附录 H　六角螺母　　　　　　　　（单位：mm）

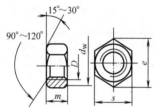

六角螺母　C 级　GB/T 41—2016

标记示例：

螺纹规格 D＝M12、性能等级为 5、不经表面处理、产品等级为 C 级的六角螺母

螺母　GB/T 41—2000　M12

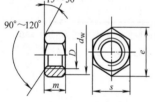

1 型六角螺母　（GB/T 6170—2015）

六角薄螺母　（GB/T 6172.1—2016）

标记示例：

螺纹规格 D＝M12、性能等级为 10 级、不经表面处理、A 级的 1 型六角螺母

螺母　GB/T 6170—2016　M12

螺纹规格 D＝M12、性能等级为 04 级、不经表面处理、A 级的六角薄螺母

螺母　GB/T 6172.1—2016　M12

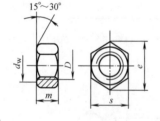

六角薄螺母无倒角　（GB/T 6174—2016）

标记示例：

螺纹规格 D＝M6、力学性能为 110HV、不经表面处理、B 级的六角薄螺母

螺母　GB/T 6174—2016　M6

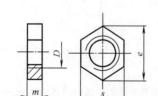

笔记

（续）

螺纹规格		M5	M6	M8	M10	M12	(M14)	M16	(M18)	M20	(M22)	M24	(M27)	M30	M36
e_{min}	1[①]	8.6	10.9	14.2	17.6	19.9	22.8	26.2	29.6	33	37.3	39.6	45.2	50.9	60.8
	2[②]	8.8	11	14.4	17.8	20	23.4	26.8	29.6	33	37.3	39.6	45.2	50.9	60.8
s 公称		8	10	13	16	18	21	24	27	30	34	36	41	46	55
d_{wmin}	1[①]	6.7	10	11.5	14.5	16.5	19.2	22	24.9	27.7	31.4	33.3	38	42.8	51.1
	2[②]	6.9	10	11.6	14.6	16.6	19.6	22.5	24.9	27.7	31.4	33.3	38	42.8	51.1
m_{max}	GB/T 6170 GB/T 6172.1	4.7	10	6.8	8.4	10.8	12.8	14.8	15.8	18	19.4	21.5	23.8	25.6	31
	GB/T 6174	2.7	10	4	5	6	7	8	9	10	11	12	13.5	15	18
	GB/T 41	5.6	10	7.9	9.5	12.2	13.9	15.9	16.9	19	20.2	22.3	24.7	26.4	31.9

注：尽量不采用括号中的尺寸。

① 为 GB/T 41—2016 及 GB/T 6174—2016 的尺寸。

② 为 GB/T 6170—2015 及 GB/T 6172.1—2016 的尺寸。

附录 I　轴端挡圈　　　　　　　　（单位：mm）

螺钉紧固轴端挡圈（GB/T 891—1986）　　螺栓紧固轴端挡圈（GB/T 892—1986）

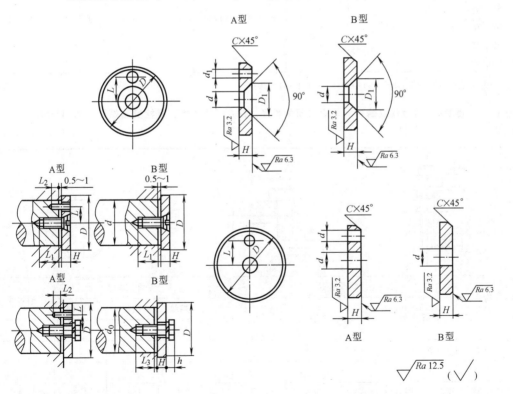

标注示例：

公称直径 D＝45mm、材料为 Q215、不经表面处理的 A 型螺栓紧固轴端挡圈：挡圈 GB/T 891—1986 45

按 B 型制造时，应加标记 B：挡圈 GB/T 891—1986　B45

（续）

轴径 ≤	公称直径 D	H 基本尺寸	H 极限偏差	L 基本尺寸	L 极限偏差	d	d₁	C	GB/T 891 螺钉 GB/T 819（推荐）	GB/T 891 圆柱销 GB/T 119（推荐）	GB/T 892 螺栓 GB/T 5783（推荐）	GB/T 892 圆柱销 GB/T 119（推荐）	垫圈	L_1	L_2	L_3	h
14	20	4		—					—		—						
16	22	4		—		—		—									
18	25	4	0 / −0.30	—		5.5		0.5	M5×12		M5×16		5	14	6	16	5.1
20	28	4		7.5			2.1			A2×10		A2×10					
22	30	4		7.5	±0.11												
25	32	5		10													
28	35	5		10													
30	38	5		10		6.6	3.2	1	M6×16	A3×12	M6×20	A3×12	6	18	7	20	6
32	40	5		12													
35	45	5		12													
40	50	5		12													
45	55	6		16	±0.135												
50	60	6		16													
55	65	6		16		9	4.2	1.5	M8×20	A4×14	M8×25	A4×14	8	22	8	24	8
60	70	6		20													
65	75	6		20	±0.165												
70	80	6		20													

注：表中资料摘自 GB/T 891—1986，GB/T 891—1987。

附录 J　普通螺纹的内、外螺纹预留长度，钻孔预留长度，螺栓突出螺母的末端长度

（单位：mm）

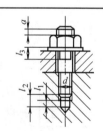 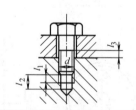

螺距 P	螺纹直径 d 粗牙	螺纹直径 d 细牙	预留长度 d 内螺纹 l_1	预留长度 d 钻孔 l_2	预留长度 d 外螺纹 l_3	末端长度 d
0.5	3	5	1	4	2	1~2
0.7	4			5		
0.75		6	1.5		2.5	2~3
0.8	5			6		
1	6	8；10；14；16；18	2	7	3.5	2.5~4
1.25	8	12	2.5	9	4	

（续）

螺距 P	螺纹直径 d		预留长度 d			末端长度
	粗 牙	细 牙	内螺纹 l_1	钻孔 l_2	外螺纹 l_3	d
1.5	10	14;16;18;20;22;24;27;30;33	3	10	4.5	3.5~5
1.75	12		3.5	13	5.5	
2	14;16	24;27;30;33;36;39;45;48;52	4	14	6	4.5~6.5
2.5	18;20;22		5	17	7	
3	24;27	36;39;42;45;48;56;60;64;72;76	6	20	8	5.5~8
3.5	30		7	23	9	
4	36	56;60;64;68;72;76	8	26	10	7~11
4.5	42		9	30	11	
5	48		10	33	13	10~15
5.5	56		11	36	16	
6	64;72;76		12	40	18	

附录 K　圆螺母　　　　　（单位：mm）

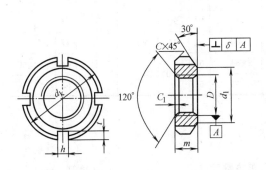

标记示例：

螺纹规格 $D×P$ = M18mm×1.5mm、材料 45 钢、槽或全部热处理后硬度为 35~45HRC、表面氧化的圆螺母的标记：

螺母　GB/T 812—1988　M18×1.5

螺纹规格	d_k	d_1	m	h	t	C	C_1
M18×1.5	32	24	8				1
M20×1.5	35	27					
M22×1.5	38	30		5	3	1	
M24×1.5	42	34					
M25×1.5*							
M27×1.5	45	37					
M30×1.5	48	40	10			1	
M33×1.5	52	43					0.5
M35×1.5*							
M36×1.5	55	46		6	3		
M39×1.5	58	49					
M40×1.5*							
M42×1.5	62	53					
M45×1.5	68	59					
M48×1.5	72	61				2	
M50×1.5*							
M52×1.5	78	67					
M55×2*			12	8	4		
M56×2	85	74					1
M60×2	90	79					
M64×2	95	84					
M65×2*							

注：1. 表中带"*"数据仅用于滚动轴承锁紧装置。

　　2. 材料：45 钢。

附录 L　圆螺母用止动垫圈　（单位：mm）

规格(螺纹大径)	d	D(参考)	D_1	S	h	b	a	轴端 b_1	轴端 t
18	18.5	35	24	1	4	4.8	15	5	14
20	20.5	38	27				17		16
22	22.5	42	30				19		18
24	24.5	45	34				21		20
25	25.5						22		
27	27.5	48	37				24		23
30	30.5	52	40				27		26
33	33.5	56	43		5	5.7	30		29
35	35.5						32		
36	36.5	60	46				33	6	32
39	39.5	62	49				36		35
40	40.5						37		
42	42.5	66	53				39		38
45	45.5	72	59				42		41
48	48.5	76	61	1.5			45		44
50	50.5						47		
52	52.5	82	67				49		48
55	56					7.7	52	8	
56	57	90	74		6		53		52
60	61	94	79				57		56
64	65	100	84				61		60
65	66						62		

标记示例：

规格为 18mm、材料 Q235—A、经退火、表面氧化处理的圆螺母用止动垫圈的标记：

垫圈 GB/T 858—1988　18

注：1. 表中带"＊"数据仅用于滚动轴承锁紧装置。

2. 材料：Q215—A，Q235—A，10，15 钢。

3. 表中资料摘自 GB/T 858—1988。

附录 M　平垫圈　（单位：mm）

小垫圈—A 级（GB/T 848—2002）、平垫圈—倒角型—A 级（GB/T 97.2—2002）

平垫圈—A 级（GB/T 97.1—2002）　　去毛刺

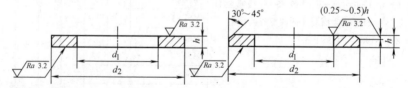

标记示例：

小系列（或标准系列）、公称直径＝8mm、性能等级为 140HV 级、不经表面处理的小垫圈（或平垫圈、或倒角型平垫圈）的标记：

垫圈 GB/T 848—2002　8—140HV（或垫圈 GB/T 97.1—2002　8—140HV，或垫圈 GB/T 97.2—2002　8—140HV）

（续）

公称直径（螺纹规格）		5	6	8	10	12	14	16	20	24	30	36
d_1	GB/T 848—2002	5.3	6.4	8.4	10.5	13	15	17	21	25	31	37
	GB/T97.1—2002											
	GB/T 97.2—2002											
d_2	GB/T 848—2002	9	11	15	18	20	24	28	34	39	50	60
	GB/T 97.1—2002	10	12	16	20	24	28	30	37	44	56	66
	GB/T 97.2—2002											
h	GB/T 848—2002	1	1.6	1.6	1.6	2	2.5	2.5	3	4	4	5
	GB/T 97.1—2002	1	1.6	1.6	2	2.5	2.5	3	3	4	4	5
	GB/T 97.2—2002											

注：材料为 Q215、Q235。

附录 N　弹簧垫圈　　　　　　　（单位：mm）

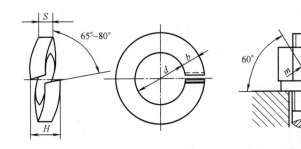

标记示例：

公称直径＝16mm、材料为65Mn、表面氧化处理的标准型（或轻型）弹簧垫圈的标记为：

垫圈 GB/T 93—1987　16　（或垫圈 GB/T 859—1987　16）

公称直径（螺纹规格）			6	8	10	12	16	20	24	30	36
d（min）			6.1	8.1	10.2	12.2	16.2	20.2	24.5	30.5	36.5
GB/T 93—1987	S（b）		1.6	2.1	2.6	3.1	4.1	5	6	7.5	9
	H	min	3.2	4.2	5.2	6.2	8.2	10	12	15	18
		max	4	5.25	6.5	7.75	10.25	12.5	15	18.75	22.5
	$m \leqslant$		0.8	1.05	1.3	1.55	2.05	2.5	3	3.75	4.5
d（min）			6.1	8.1	10.2	12.2	16.2	20.2	24.5	30.5	
GB/T 859—1987	S		1.3	1.6	2	2.5	3.2	4	5	6	
	b		2	2.5	3	3.5	4.5	5.5	7	9	
	H	min	2.6	3.2	4	5	6.4	8	10	12	
		max	3.25	4	5	6.25	8	10	12.5	15	
	$m \leqslant$		0.65	0.8		1.25	1.6	2	2.5	3	

注：材料为65Mn。

附录O　轴用弹性挡圈—A型　　　　　　　　　　（单位：mm）

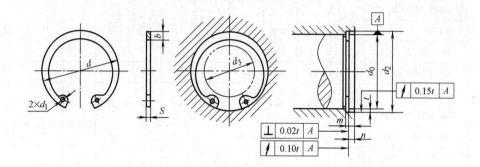

标记示例：

轴径 d_0=50mm、材料65Mn、热处理硬度44~51HRC、经表面氧化处理的A型轴用弹性挡圈的标记：

挡圈 GB/T 894—2017　50

轴径 d_0	挡圈			沟槽（推荐）					允许套入孔径 $d_3\geqslant$
	d	S	$b\approx$	d_2 公称尺寸	d_2 极限偏差	m 公称尺寸	m 极限偏差	$n\geqslant$	
20	18.5	1	2.68	19	0 / −0.13	1.1	0.14	1.5	29
21	19.5			20					31
22	20.5			21					32
24	22.2	1.2	3.32	22.9	0 / −0.21	1.3		1.7	34
25	23.2			23.9					35
26	24.2			24.9					36
28	25.9		3.6	26.6				2.1	38.4
29	26.9		3.72	27.6					39.8
30	27.9			28.6					42
32	29.6	1.5	3.92	30.3	0 / −0.25	1.7		2.6	44
34	31.5		4.32	32.3					46
35	32.2			33				3	48
36	33.2		4.52	34					49
37	34.2			35					50
38	35.2			36					51
40	36.5			37.5					53
42	38.5		5	39.5				3.8	56
45	41.5			42.5					59.4
48	44.5			45.5					62.8
50	45.8	2	5.48	47	0 / −0.30	2.2			64.8
52	47.8			49					67
55	50.8			52				4.5	70.4
56	51.8		6.12	53					71.7
58	53.8			55					73.6
60	55.8			57					75.8

注：1. 挡圈尺寸 d_1：20mm≤d_0≤30mm 时，d_1=2mm；32mm≤d_0≤40mm 时，d_1=2.5mm；42mm≤d_0≤60mm 时，d_1=3mm。

　　2. 材料：65Mn，60Si2MnA。热处理硬度：d_0≤48mm 时为47~54HRC，当 d_0>48mm 时为44~51HRC。

　　3. 表中资料摘自 GB/T 894—2017。

附录 P　配合表面的倒圆和倒角　　　　　　　（单位：mm）

内角倒圆 R
外角倒角 C_1
$C_1 > R$

内角倒圆 R
外角倒圆 R_1
$R_1 > R$

内角倒角 C
外角倒圆 R_1
$C < 0.58R_1$

内角倒角 C
外角倒角 C_1
$C_1 > C$

与直径 d 相应的倒圆倒角推荐值						
d	>10~18	>18~30	>30~50	>50~80	>80~120	>120~180	>180~250
C 或 R	0.8	1.0	1.6	2.0	2.5	3.0	4.0

注：表中资料摘自 GB/T 6403.4—2008。

附录 Q　回转面和端面砂轮越程槽　　　　　（单位：mm）

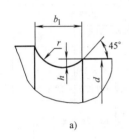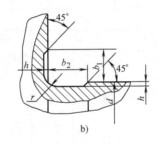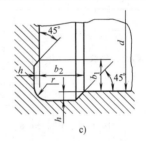

a)　　　　　　　　　　　b)　　　　　　　　　　　c)

a) 磨外圆　　b) 磨外圆及端面　　c) 磨内圆及端面

b_1	2.0	3.0	4.0	5.0	8.0	10
b_2	4.0		5.0		8.0	10
h	0.3	0.4		0.6	0.8	1.2
r	0.8	1.0		1.6	2.0	3.0
d	>10~50		>50~100		>100	

注：表中数据摘自 GB/T 6403.5—2008。

附录 R　圆形零件自由表面过渡圆角半径和静配合联接轴用倒角（单位：mm）

圆角半径		D−d	2	5	8	10	15	20	25	30	35	40
		R	1	2	3	4	5	8	10	12	12	16
静配合联接轴倒角		D	≤10	>10~18	>18~30	>30~50	>50~80		>80~120	>120~180	>180~260	
		a	1	1.5	2	3	5		5	8	10	
		α	30°						10°			

附录 S　螺纹的收尾、肩距、退刀槽、倒角　　　　　　（单位：mm）

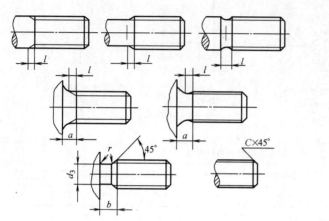
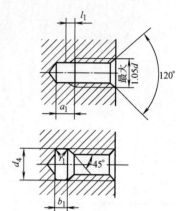

笔　记

螺距 P	粗牙螺纹大径 d	螺纹收尾 l (不大于) 一般	螺纹收尾 l 短的	肩距 a (不大于) 一般	肩距 a 长的	肩距 a 短的	退刀槽 b 一般	退刀槽 b 窄的	r	d_3	倒角 C	螺纹收尾 l_1 (不大于) 一般	螺纹收尾 l_1 长的	肩距 a_1 (不大于) 一般	肩距 a_1 长的	退刀槽 b_1 一般	退刀槽 b_1 窄的	r_1	d_4
2	14;16	5	2.5	6	8	4	6	3.5		$d-3$	2	4	6	10	16	8	5		
2.5	18;20;22	6.3	3.2	7.5	10	5	7.5	3.5		$d-3.6$	2.5	5	7.5	12	18	10	6		
3	24;27	7.5	3.8	9	12	6	9	4.5		$d-4.4$	2.5	6	9	14	22	12	7		
3.5	30;33	9	4.5	10.5	14	7	10.5	4.5		$d-5$	3	7	10.5	16	24	14	8		
4	36;39	10	5	12	16	8	12	5.5	0.5P	$d-5.7$	3	8	12	18	26	16	9	0.5P	$d+0.5$
4.5	42;45	11	5.5	13.5	18	9	13.5	6		$d-6.4$	4	9	13.5	21	29	16	10		
5	48;52	12.5	6.3	15	20	10	15	6.5		$d-7$	4	10	15	23	32	20	11		
5.5	56;60	14	7	16.5	22	11	17.5	7.5		$d-7.7$	5	11	16.5	25	35	22	12		
6	64;66	15	7.5	18	24	12	18	8		$d-8.3$	5	12	18	28	38	24	14		

（普通螺纹）

注：表中资料摘自 GB/T 3—1997。

附录 T　俯视图设计流程

运动参数和动力参数的数据(表 3-5)

↓

确定各轴段的直径(例 3-1、图 5-1、表 5-1)

↓

画出低速轴和高速轴的轴线(图 5-2)

↓

画出大小齿轮(图 5-3)

↓

画出轴 d_3、d_4、d_5 轴段的直径及 L_4、L_5 的长度

↓

确定箱体内壁位置 Δ_1、Δ_2(表 5-2、表 5-3)

↓

确定低速轴轴承座孔直径(附录 B)

↓

确定低速轴上轴承位置及 L_3、L_6、L_7 的长度

↓

确定轴承座旁联接螺栓直径(表 5-3、图 5-4)

↓

确定低速轴轴承座孔宽度(图 2-1、图 5-4)

↓

确定 L_2 的长度及轴承端盖

↓

确定 L_1 的长度

↓

确定上、下箱联接凸缘宽度

↓

确定高速轴上的轴承

↓

设计高速轴上的轴承端盖

↓

完成高速轴长度的确定

↓

A3 纸图设计结束

笔 记

附录 U 主视图设计流程

确定俯视图中大小齿轮的中心的位置
以基本完成的"非标准图(A3 纸图)"为基础

↓

完成大小齿轮的结构设计及啮合处的画法(教材图 6-43、图 5-49)

↓

设计低速轴结构和箱体结构

↓

完成低速轴轴系部件和箱体结构

↓

完成高速轴轴系部件和部分箱体结构

↓

确定主视图中齿轮中心高度(图 5-8)

↓

画出大小齿轮的位置及箱体的内、外壁(图 5-8)

↓

确定低速轴和高速轴处的轴承端盖(表 5-7)

↓

确定低速轴处上下箱联接凸缘宽度

↓

确定轴承座旁联接螺栓凸台高度(图 5-9~图 5-13)

↓

确定箱盖顶部外部面轮廓(图 5-14、图 5-15)

↓

确定高速轴处的上下箱联接凸缘宽度(图 5-14、图 5-15)

↓

确定下箱体左侧外廓及完成俯视图左侧箱体(图 5-16)

↓

确定轴承端盖上的联接螺钉(表 5-7、附录 G)

↓

画出上下箱体上的联接螺钉(表 5-3、附录 G)

↓

设计检查孔和检查孔盖(图 5-39、表 5-14)

↓

设计游标尺(图 5-41、图 5-42、表 5-16)

↓

选择并画出通气器(图 5-40、表 5-15)

↓

确定放油螺塞(图 5-41、图 5-42、表 5-16、图 5-43)

↓

确定下箱体上的起吊装置(图 5-47、表 5-22、图 5-48)

↓

画出启盖螺钉(图 5-45)

↓

画出定位销(图 5-46)

↓

画出轴承座的肋板(图 4-1、表 5-3)

↓

坐标纸图设计结束

笔 记

参 考 文 献

[1]   柴鹏飞，赵大民. 机械设计基础 [M]. 北京：机械工业出版社，2017.

[2]   胡家秀. 简明机械零件设计实用手册 [M]. 2 版. 北京：机械工业出版社，2012.

[3]   王旭. 机械设计课程设计 [M]. 3 版. 北京：机械工业出版社，2014.